引汉济渭水库湿地生态修复关键技术研究

马川惠　权　全　徐国鑫
王　浩　黄　强　苏卫涛　著

黄河水利出版社
· 郑　州 ·

内 容 提 要

本书以陕西省引汉济渭工程黄金峡、三河口水库岸区与消落区为研究对象,使用 MIKE 软件构建模型对蓄水运行前后黄金峡、三河口水库湿地内的水流进行水动力及水质模拟,基于水动力变化特征,设计水工试验探究不同挺水植株密度下的缓流效果,基于水质变化特征,用 Meta 分析法对常见挺水植被进行去污能力分析,将水工试验和 Meta 分析的结果综合应用于黄金峡、三河口湿地植被生态修复中,并搭配丰富的陆生植被群落种类,提出了不同类型的驳岸设计形式,最终实现研究区不同区域的植被群落生态修复设计,并提出了植被群落管理方案。三河口是典型的水温分层型水库,基于 MIKE 软件模拟了三河口水库水温垂向分布规律,考虑水温特点设计植被修复工作。

本书可供从事湿地生态修复设计相关专业的科研、设计和管理人员参考,也可供大专院校水利类相关专业的师生学习参考。

图书在版编目(CIP)数据

引汉济渭水库湿地生态修复关键技术研究 / 马川惠等著. —郑州:黄河水利出版社,2021.8
ISBN 978-7-5509-3052-0

Ⅰ.①引… Ⅱ.①马… Ⅲ.①水库-沼泽化地-生态恢复-研究-陕西 Ⅳ.①P942.410.78

中国版本图书馆 CIP 数据核字(2021)第 155696 号

组稿编辑:简群 电话:0371-66026749 E-mail:931945687@ qq.com

出 版 社:黄河水利出版社 网址:www.yrcp.com
地址:河南省郑州市顺河路黄委会综合楼 14 层 邮政编码:450003
发行单位:黄河水利出版社
发行部电话:0371-66026940、66020550、66028024、66022620(传真)
E-mail:hhslcbs@ 126.com
承印单位:广东虎彩云印刷有限公司
开本:787 mm×1 092 mm 1/16
印张:9.5
字数:220 千字
版次:2021 年 8 月第 1 版 印次:2021 年 8 月第 1 次印刷
定价:68.00 元

前　言

　　为满足生产、生活需要,人类修建了大量的水利枢纽工程,土地需求量与河流开发利用程度不断增加,一系列的生态环境问题随之凸显,尤其是水生态环境方面的问题。随着我国经济实力的增强,人们的思想不再停留于只搞"大开发",而是开始着眼于"大保护",生态文明建设意识日益增强,大型水利枢纽工程对生态环境的影响受到了人们的重视,生态修复成为热点话题。

　　引汉济渭工程是一项非常复杂的水资源配置系统工程,工程难度极大,牵涉面广,影响因素诸多。如此规模宏大的工程,必然对环境和生态带来一系列的影响。黄金峡、三河口水库在建成运行后,由于水库拦蓄及运行调度方式发生改变,使得河道中水位、流速、污染物浓度等因素发生不同程度的变化。这将会影响库区湿地两岸植被群落的生长状况,甚至导致一些对水淹、水质变化敏感的植被群落死亡的现象,从而造成水土流失、水质恶化、植被群落生态系统退化等负面影响,对两岸的生态功能和景观格局产生严重威胁。因此,分析水流和植被间的关系就尤为重要,植被群落生态修复对于维护当地物种、生物多样性、生态稳定性具有至关重要的作用。

　　本书采用实地调查研究、MIKE 模拟、水工模型试验、Meta 分析及理论分析的方法,对黄金峡、三河口湿地植被群落修复进行研究,旨在减少水库建库后水动力、水质变化对植被群落的影响,起到固土育水、净化水体、减缓流速、维持研究区物种多样性平衡,保护朱鹮等珍惜鸟类的栖息地等多项功能。

　　本书以陕西省引汉济渭工程黄金峡、三河口水库岸区与消落区为研究对象,分析区域内的植被在黄金峡、三河口水库建成后面临哪些因素的影响,确立植被种群群落和水流之间的水力学方程,并根据方程中的变量因素设计合适的水工模型试验,分析植被密度对水流的影响,并确定一个最适宜的植被群落密度用于生态植被修复方案,分析不同挺水植被的净水能力并筛选出净水能力较好的植被种类,最终构建合理的生态植被群落方案。三河口是典型的水温分层型水库,基于 MIKE 软件模拟了三河口水库水温的垂向分布规律,考虑水温特点设计植被修复工作。

　　本书的出版得到了陕西省引汉济渭工程建设有限公司的资助。本书倾注了多人的心血,包括陕西省引汉济渭工程建设有限公司杜小洲、苏岩等,西安理工大学谢玉斌、高少泽、李平治、樊荣、吴双等,在此表示衷心的感谢!

　　虽经多次完善,但限于作者的水平和其他客观原因,书中不足之处在所难免,敬请各位专家和读者批评指正。

作　者

2021 年 3 月

目　录

黄金峡湿地植被群落修复研究
（上篇）

1 绪 论

1.1 研究背景

引汉济渭工程是一项规模宏大的跨流域调水工程,该项工程包括黄金峡水利枢纽、三河口水利枢纽和秦岭输水隧洞,对生态环境的影响范围较广。水源工程黄金峡、三河口水库淹没占地及其主体工程占地,秦岭输水隧洞工程占地,水源工程和输水工程移民安置区占地等,其总面积大于或等于 20 km²。作为一个十分复杂的水资源配置系统工程,其难度系数极大,牵涉面极广,影响因素也众多。该工程的修建,肯定会对周边植被、生物、环境带来一系列的影响。

黄金峡水库建成运行后,由于水库拦蓄及水库运行调度方式发生变化,使得水库库区水位在死水位 440 m 至正常蓄水位 450 m 之间变化,淹没区为库区汉江两岸水位以下区域,淹没影响洋县 10 个乡镇,同时淹没陕西汉中朱鹮国家级自然保护区部分浅滩湿地。建库后引汉济渭调水工程库区出现水位抬升,淹没岸区植被,植被个体失去生长环境,造成原有岸区植被生态系统的破坏,影响程度不可逆。水库干流回水至洋县县城处,支流金水河、酉水河回水分别为 18.74 km、30.15 km。依据《关于划分国家级水土流失重点防治区的公告》,洋县、佛坪县属于汉江上游重点预防保护区,该区域水土流失问题亟待解决。根据《陕西省引汉济渭工程环境影响报告书》,污染源基本都集中在黄金峡水库库尾洋县县城洋州镇,而黄金峡水库是引汉济渭重要的水源地,保证河道内水质安全显得尤为重要。湿地面积减小会出现生物多样性下降,河床、河岸遭受侵蚀,水土流失、环境污染等现象,使原有湿地植被因生态环境的改变而退化或消失。因此,亟须开展对黄金峡库区及上游,特别是涉及朱鹮觅食区域的湿地生态环境保护和植被保护研究,并提出合适的生态修复设计方案。

陕西省关中地区是国家确定的重点经济发展区,具有较强的辐射带动作用,在国家和陕西省经济社会发展中具有十分重要的战略地位。然而,关中地区的水环境与其重要地位不相适应,水资源严重短缺已成为制约关中地区经济社会发展的主要瓶颈之一。因此,引汉济渭调水工程的建设可合理调适省内水资源的时空分布,缓解陕南和关中水资源天然分布与经济社会发展格局不协调的矛盾,遏制渭河水资源环境恶化和减轻黄河水环境压力,是解决近中期关中地区缺水问题唯一可行的现实选择。考虑到黄金峡水利枢纽工程是整个引汉济渭工程的重要水源地,因此保护黄金峡水库的生态环境对整个引汉济渭工程和关中地区的发展具有重要意义。本书具有非常重要的现实应用价值和意义。

1.2　国内外研究现状

湿地作为地球上三大生态系统之一,其对生态系统具有极高的服务价值,具体表现在净化水质、补给水源、调节气候和保护生物多样性等方面。湿地生态修复,即对正在退化或有消失风险的湿地通过生态技术或是生态工程的建设进行修复或重建工作,使其还原到初始状态(主要包括其相关的物理、化学和生物学特性),恢复其原有的功能,使其发挥出其应有的作用。

1.2.1　水位变化扰动对湿地植被生态系统结构和功能的影响

当前,随着我国科技、经济的不断发展,在河流上修建了各种大规模筑坝和拦截工程,这已经成为当前河流自然和生态环境中受人为影响较为严重的灾害之一。国内主要河流(如长江、黄河等)因为修建的水库数目不断增多,使得对部分河段缺乏有效的管理,断流、水体环境污染严重等问题频繁出现,严重地影响了河流两岸的植被和生态系统(张二凤 等,2002;郑华 等,2003;国家环境保护局自然保护司,1997)。毛战坡等(2006)通过对三门峡库区湿地资源调查和分析发现:当水库中水位下降后,会使得周边库区湿地面积和地下水位出现大幅度减少的情况,进而产生对湿地中植被生境状况的不利影响,其中的部分湿地更会失去原先的生态功能,不利于生态结构的稳定。水库库区中稳定的湿地生态环境系统,会在降低水流流速、净化水体空气、调节局部气候、丰富景观格局、保护植被群落稳定性等多方面起着重要作用(Arfi R,2003;Geraldes A M et al.,2003;Kangur et al.,2003)。

首届水位变化学术会议的举行和三峡工程的投入使用使得越来越多的人开始研究水位变化对湖泊、水库、河道的影响(Mitsch W J et al.,2008;Stone R,2008)。水位变化是影响湖泊生态系统最为重要的因素,尤其是在河道、水位较低的湖泊生态系统中,水位变化带来的影响显得更为显著(Coops H et al.,2003;Poff N L et al.,1997)。消落区的水位变化研究主要集中在周边生物、泥土侵蚀、生态环境、水质变化等方面(Leira M et al.,2008)。由于水库蓄水产生的水位变化,使得湿地中部分植被长时间处于不同程度的淹没状态中,这会影响该部分植被的生长状况,甚至导致部分不耐淹植被的死亡现象频发,从而对整个湿地的植被群落、整体生态结构和景观质量都会产生重大影响(王海锋 等,2008)。由于水位的季节性波动变化,使湿地中的植被频繁受到不同程度的水淹影响,导致对水位变化不适应植被的大量消亡,造成该湿地区域植被群落的减少,破坏了环境的稳定性,使得水土流失、水质恶化现象等损害生态系统的问题多次出现(王晓荣 等,2010)。近些年来,对水库消落区的研究仅仅体现在减少水土流失、维持岸坡稳定、元素能量的循环转化等方面,对消落区湿地植被的研究不是很多,未引起重视(陈忠礼,2011)。研究消落区植物群落特性不仅有助于维持植被群落的稳定,而且对涵养水土、净化水质、保护环境、维持生物多样性等方面都具有非常重要的现实意义。

1.2.2 湿地群落结构与水流相互作用的生态水力学机制研究

植被群落的演替是一个长期而漫长的过程,其生长环境经常受到复杂的干扰(陈忠礼 等,2012)。植被在生长过程中经常遭遇逆境。任何人工对自然的干涉都会导致该区域生态环境的变化,水库调水工程由于设计范围较大,肯定会导致自然环境变化,对一些植被群落甚至造成不可逆转的影响,但其经常表现为后效性。当然这些变化也会直接影响水环境、地形地貌等环境,间接影响土壤、生物和气候等局部生态环境(刘衍君 等,2002)。

生态水力学是研究水动力学和水生态学联系的一门学科,研究内容不仅包括水力条件对水生态平衡及生物种群多样性的影响,还包括水生态系统的变化对水流的反作用机制(尚淑丽 等,2014)。它让人们深入认识湿地保护中与环境有关的因素,并从中发现规律,以此来预测人为扰动对环境的影响和湿地修复工作能否最终达到预期目标(李玉梁 等,2002)。宋新山 等(2007)曾用连续方程探讨了湿地环境中的水量平衡、水质模拟情况。通过研究水文、水力学等要素与湿地环境、植被群落之间的关系,可以给湿地修复及保护提供指导意见(刘可晶 等,2009)。近些年来,相关研究人员从环境生态学、水文学、水力学、生态环境学方面进行了深入研究,并对湿地生态修复提出了一些治理方案,但未形成相对成熟的方法体系供人们参考(涂建军 等,2002)。张建等(2015)曾在描述湿地群落结构与水流相互作用关系时,推导出在湿地情况下的生态水力学机制方程,适用于江河湖泊的湿地情况。

1.2.3 湿地植被群落修复与保护

湿地是"地球之肾",因为具有调节水源供给、净化水体污染物、固水育土、维持植被群落稳定、保护生物多样性等多项功能,所以非常重要(马向东 等,2008)。保护和恢复湿地环境现已成为生态系统的重中之重。湿地环境中水源的稳定性决定了该湿地生态系统的整体稳定性,内部的水流条件深刻影响着内部植被群落、微生物、鱼类等生物的分布(王兴菊,2008)。

目前,国内外的湿地研究主要是海滨交接处的河口湿地研究(Huang G L et al.,2006),重点研究滨海湿地整体恢复措施的应用,但缺乏对湿地恢复效果的评价。近几年来,对三峡库区消落区水淹后的新生湿地植物群落及其分布格局(白宝伟 等,2005;王强 等,2009;杨朝东 等,2008;卢志军 等,2010)、耐淹植被群落的生理学变化(乔普 等,2007;陈芳清 等,2008;冯大兰 等,2008;罗芳丽 等,2008)、植被群落的恢复与重建(任雪梅 等,2006;涂修亮 等,2000)、筛选湿地耐淹植被种类(贺秀斌 等,2007;马利民 等,2009;王海锋 等,2008;王思元 等,2009)等方面都进行了一定的调查和研究,然而对于湿地植被恢复及管理情况却很少有研究。陆健健 等(2002)曾提出利用"复绿、改土、净水、建景"原理对长江口湿地生态进行修复并在一定程度上重建了该区域的生态结构。Zedler(2000)曾提出湿地修复应遵循生态学、种群和营养级理论;Malson 等(2007)利用苔藓进行湿地试验恢复研究。Steven(2010)研究通过引进外来苔草植物,使本地生态环境恢复到相当好的状况。Koob 等(1999)发现可以通过恢复湿地中的植被群落来进行湿地修复工作。

水利工程岸区湿地植被系统影响和监测研究以往是以实地调研、野外勘测和基于生态学原理推测模拟为主要手段,研究主要集中在陆地生态系统的植被组成分布和功能基础理论的方法上,由于调水形成的新增湿地和消落区土地与植被变化需要采用生态技术与工程技术相结合的手段进行修复。

1.3　主要研究内容

对黄金峡水库及其上游岸区湿地开展本底调查研究,分析黄金峡上游河道两岸湿地区域内的植被在黄金峡水库建成后面临哪些因素的影响(水位、流速、水质变化情况),通过小型试验装置模拟自然状态下研究区优势柔性植物浮叶眼子菜的抗逆适应性机制,确立挺水植被种群群落和水流之间的水力学方程,并根据方程中的变量因素设计合适的水工模型试验,分析植被密度对水流的影响,并确定一个最适宜的植被群落密度用于生态植被修复方案中;分析不同挺水植被的净水能力并筛选出净水能力较好的植被种类。生态修复方案中主要配置以挺水植物为主,配置其他类型的植被,构建合理的生态植被群落方案。本篇主要有以下研究内容:

(1)对黄金峡水库及其上游岸区湿地开展了本底调查研究,调查了沉积物无机环境,并了解了沉积物的理化性质;确定黄金峡水库及其上游岸区湿地沉积物微生物群落多样性指数,并完成了微生物群落物种组成情况的调查。

(2)根据收集到的水文、气象、地形等数据对黄金峡湿地内的水流进行水动力及水质模拟,使用 MIKE 软件进行合理模拟,对黄金峡水库建库前后进行对比分析。定性分析水动力及水质条件发生变化后对植被生存情况的影响及对湿地整体的生态环境造成的影响。

(3)基于对一种柔性水生植物浮叶眼子菜进行的实验室试验,评估了水力试验典型的培养条件对以下方面的影响:植物生物力学、形态特征和植物的水动力性能。

(4)基于水动力变化特征,设计水工试验探究不同挺水植株密度下的缓流效果,分析不同植株密度下的缓流效果。

(5)基于水质变化特征,用 Meta 分析法对 6 种常见的挺水植被进行去污能力分析,筛选去污效果较好的挺水植物。

(6)以挺水植物为主,搭配其他陆生植被群落,不同区域进行不同的植物分区配置设计,提出契合不同区域的植被群落修复设计方案。

2 研究区概况

　　研究区为陕西省内汉江流域洋县—黄金峡水利枢纽(东经107°31′~107°57′、北纬33°10′~33°17′)河道两岸的湿地区域,黄金峡水库上游有汉江干流(58 km)、西水河(6 km)、金水河(8 km)等分支。以黄金峡水库地形图作为基础,统计得到研究区域面积为142 hm²。研究区示意图如图2-1所示。

图2-1　研究区示意图

2.1　黄金峡水利枢纽

　　黄金峡水利枢纽是整个引汉济渭工程中至关重要的源头工程,坝址位于陕西省汉中市洋县境内的汉江上游峡谷段,距离洋县62 km。该工程通过拦蓄河水来壅高库区水位,达到以供水为主,兼顾发电,改善水运条件的建设要求。黄金峡水利枢纽调节方式为日调节,主要由挡水、泄水、泵站、电站、通航等建筑物组成。该大型水库工程的正常蓄水位为450 m,死水位为440 m,拦河坝坝高63 m,汉江上游干流黄金峡水库回水至洋县党水河河口,库长约55.68 km。主要的支流金水河和西水河均位于左岸,回水长度分别为7.3 km、5.3 km,其他支流(沟)回水长度均不超过2 km。库岸总长约172 km。总库容为2.21亿m³,垂直升船机规模为300 t,具有干运与湿运两种运行模式;过鱼建筑物为竖缝式鱼道,能适应较大的水位变化和各种水深的鱼类上溯。

　　根据引汉济渭工程移民安置实物指标调查结果,黄金峡水库正常蓄水位450 m范围内,淹没耕地4 912.36亩❶(含防护工程356亩),占洋县总耕地面积的0.9%;林地6 995.41亩(含防护工程20亩)。黄金峡水库淹没涉及洋县10个乡镇(桑溪乡、金水镇、槐树关镇、黄金峡镇、黄家营镇、龙亭镇、贯溪镇、黄安镇、磨子桥镇、洋洲镇)的43个行政村,淹没集镇1个(金水集镇)。工程淹没总体影响较小。但是,对于直接受影响村,耕地损失程度不一。据统计,淹没耕地在10%以上的村有12个,淹没耕地在20%以上的村有5个,淹没影响最小的村是桑溪乡曾家院村,淹没耕地占其总耕地面积的0.41%,淹没影

---

　　❶　1亩=1/15 hm²,全书同。

响最大的村是黄金峡镇商坪村,淹没耕地占其总耕地面积的 29.07%。淹没影响包括交通、水利、输电、通信线路等在内的一些专项设施。

2.2 径 流

汉江上游径流量主要来源于降水补给。由于受到大气环流和地形条件影响,该地区降水量呈现区域不均匀分布、年内年际变化大等特点。该地区年径流地区分布规律和年降水量分布大体上是一致的,即汉江南岸大于汉江北岸,平川段径流深最小,一般在 300 mm 以下。黄金峡坝址径流多年平均成果如表 2-1 所示。

表 2-1 黄金峡坝址径流多年平均成果(来源:引汉济渭环评报告)

月份	1	2	3	4	5	6	7	8	9	10	11	12	全年
多年平均径流量/亿 m³	2.29	1.21	2.04	4.48	6.08	5.97	13.00	12.06	13.67	8.56	3.85	2.19	75.40
百分比/%	3.04	1.60	2.71	5.94	8.06	7.92	17.24	15.99	18.13	11.35	5.11	2.91	100

2.3 洪 水

受到西太平洋和孟加拉湾暖流影响,汉江上游流域暴雨一般发生在 3~11 月,但强度较大的暴雨发生在 7~9 月。由于该流域受地势山高坡陡和岩层透水性较小等的影响,所以洪水有汇流快、急涨急落等特点。实测系列资料中的最大洪峰流量为 1981 年的 13 800 m³/s,平均一次洪水持续时间为 3~5 d。

黄金峡坝址位于洋县、石泉之间,距上游洋县站 62 km,距下游石泉站 52 km,流域面积比洋县站大 20.3%,比石泉站小 28.3%。黄金峡坝址处设计洪峰流量可由洋县站点和石泉站点的设计洪水按面积内插求得。洋县站历史洪水考虑 1903 年、1949 年和 1981 年;石泉站历史洪水考虑 1903 年、1949 年和 1955 年;两站的实测洪水系列均为 1954~2010 年。黄金峡坝址设计洪水成果见表 2-2。

表 2-2 黄金峡坝址设计洪水成果(来源:引汉济渭环评报告)

特征值	P/%									
	0.1	0.2	0.33	0.5	1	2	3.3	5	10	20
$Q_m/(m^3/s)$	26 400	24 100	22 400	21 100	18 800	16 400	14 600	13 200	10 800	8 290
$W_{24}/亿 m^3$	17.3	15.8	14.7	13.9	12.4	10.9	9.81	8.89	7.33	5.72
$W_{72}/亿 m^3$	33.4	30.6	28.5	26.9	24.1	21.2	19.1	17.3	14.3	11.2
$W_{120}/亿 m^3$	40.6	37.4	34.9	33.0	29.5	26.1	23.5	21.5	17.8	14.1

2.4 地质、土壤概况

2.4.1 地质概况

黄金峡水利枢纽库区的地势总体呈现西高东低,汉江总体流向由西向东,按地貌形态不同,水库库区河谷可分为中低山峡谷、低山丘陵宽谷和构造盆地河曲三大类型。库区主要出露早元古代闪长岩,可见少量的寒武-奥陶系、志留系的片麻岩、云英片岩,第四系的松散堆积层主要分布在河谷地带。区内褶皱构造不发育,主要构造形迹为阳平关—洋县断裂带(ⅠF11)、碾子坪断层(F26)、王家垭—水磨沟断裂(F27)、新铺—子午河断裂(F28),其他构造形迹为裂隙。黄金峡水利枢纽库区高程分布见图 2-2。

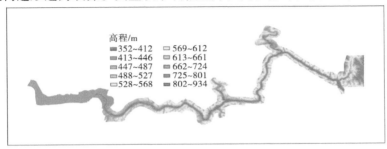

图 2-2 黄金峡水利枢纽库区高程分布

库区物理地质作用不强烈,水库与邻谷之间分水岭宽厚,水库地形、地质条件较好,无断裂构造连通邻谷与坝下游,基本不存在渗漏问题。水库基岩岸坡占库岸总长的57.2%,土质岸坡占38.9%,混合岸坡占3.9%。水库岸坡稳定条件好(A)和较好(B)的库岸段总长 151.3 km,占库岸总长的88.0%;差(D)、较差(C)的库岸总长 20.7 km,占库岸总长的12.0%。总体而言,黄金峡水库库岸稳定条件较好。

水库库岸共发现 1 处滑坡和 1 处变形体,为锅滩滑坡(约 15 万 m³)和赵家半坡变形体(约 20 万 m³),正常蓄水位情况下两者前部均被淹,稳定性较差。水库正常蓄水后,预测库岸坍岸总长约 11 km,占整个库岸的6.4%,水库不存在浸没问题。

黄金峡水利枢纽位于一级大地构造单元秦岭褶皱系和扬子准地台接壤部位,靠扬子准地台一侧,北部涉及华北准地台,西部涉及松潘—甘孜褶皱系。构造运动以整体上升为主,活动构造不发育,内部差异运动较小。

库区坡度范围为 0°～43°,其中主要集中在 35°以下,占总面积的85%,而 0°～5°和5°～15°的土地共占36%,25°以上的区域占总面积的50%。可见区域坡度较陡,可能导致比较严重的水土流失问题(见图 2-3)。

2.4.2 土壤概况

评价区土壤类型有黄棕壤、黄褐土、石渣土、潮土、淤土等 5 个土类。黄棕壤分布于海拔 1 000～1 500 m 的山地,面积占总土壤面积的90%以上,土壤有机质累积大于黄褐土,

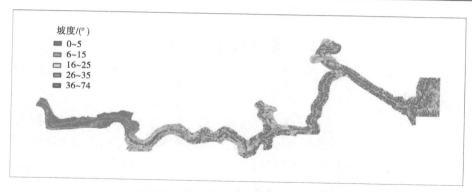

图 2-3 黄金峡水利枢纽库区坡度分布

肥力较高,是主要的用材林、经济林土壤;黄褐土分布于海拔 1 000 m 以下,是秦岭低山丘陵坡地区主要土壤,土壤质地黏重,通透性差,土壤肥力低,易发生土壤侵蚀;石渣土、潮土、淤土为该区各种外营力作用形成的非地带性土壤,分布面积少。黄金峡水利枢纽库区土壤类型见图 2-4、表 2-3。

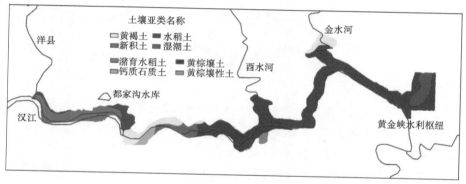

图 2-4 黄金峡水利枢纽库区土壤类型分布

表 2-3 黄金峡水利枢纽库区土壤类型(来源:引汉济渭环评报告)

土壤类型	分布	理化性质	可蚀性
水稻土	蒲河、椒溪河海拔 1 000 m 以下河谷两岸(项目区)	渗水性和持水性好,水肥状况良好	易水蚀
黄壤土	分布于海拔 1 500 m 以下的中山地区	土壤发育好、土层较厚、耕作性一般	易水蚀
棕壤土	分布于海拔 1 500~2 300 m 的中山地带	土壤发育较好、土层深厚、结构良好、层次良好、肥力好	易水蚀
潮土	分布于县城附近的低阶地	透气透水性好、耕作良好、保肥保水能力差、肥力低	易水蚀

2.5　植被概况

2.5.1　植物区系

通过对植物区系资料的系统整理分析,统计得出研究区存在维管束植物 166 科 918 属 3 399 种,其中包括蕨类植物 8 科 10 属 14 种、种子植物 158 科 908 属 3 385 种,种子植物中裸子植物 6 科 16 属 29 种、被子植物 152 科 892 属 3 356 种,见表 2-4。

表 2-4　研究区维管束植物统计(来源:引汉济渭环评报告)

项目	蕨类植物			种子植物					
				裸子植物			被子植物		
	科	属	种	科	属	种	科	属	种
研究区	8	10	14	6	16	29	152	892	3 356
全国	63	228	3 000	10	34	238	291	2 940	25 000
研究区占全国/%	12.70	4.39	0.47	60.00	47.06	12.18	52.23	30.34	13.42

评价区共有野生种子植物(除栽培种)149 科 813 属 3 114 种,属可分为 15 个类型,见表 2-5。

表 2-5　黄金峡植物种属的分布区类型(来源:引汉济渭环评报告)

序号	分布区类型	属数	占属总数/%
1	世界分布	63	—
2	泛热带分布	106	14.14
3	热带亚洲和热带美洲间断分布	8	1.07
4	旧世界热带分布	24	3.20
5	热带亚洲至热带大洋洲分布	18	2.40
6	热带亚洲至热带非洲分布	25	3.33
7	热带亚洲分布	31	4.13
8	北温带分布	199	26.53
9	东亚和北美洲间断分布	64	8.53
10	旧世界温带分布	76	10.13
11	温带亚洲分布	23	3.07
12	地中海区、西亚至中亚分布	24	3.20
13	中亚分布	5	0.67
14	东亚分布	110	14.67
15	中国特有分布	37	4.93
	总计	813	100

注:表中未包括栽培种的统计;比例统计未包括世界分布的属。

评价区世界分布的属有 63 属;热带性质的属和温带性质的属分别占总属数的28.27%和71.73%。主要特点:地理成分复杂,温带成分占优势;北温带性质明显;中国特有属分布较多。

2.5.2　植被类型

研究区植被可分为 4 个植被类型组,8 个植被型,77 个群系。位于秦岭南坡,该区域隶属秦岭山地落叶阔叶林与针叶林区,除了秦岭南坡海拔较低的区域有少量落叶阔叶林,其他地方都属于秦岭西段栓皮栎、辽东栎、巴山冷杉等区域,海拔在 2 000~3 000 m。具体有针叶林:主要有油松林、马尾松林、侧柏林、杉木林等;针、阔混交林:主要有油松山杨混交林、侧柏栎类混交林;落叶阔叶林:主要有槲栎林、槲树林、栓皮栎林、麻栎林、板栗林、野核桃林、白桦林、山杨林、小叶杨林、枫香林、乌桕林、枫杨、漆、槭树林等;常绿阔叶林:主要有青冈栎林;竹林:主要有阔叶箬竹林、毛竹林、刚竹林、水竹林等;灌丛:主要有绣线菊灌丛、胡枝子灌丛、杭子梢灌丛、黄栌灌丛、小果蔷薇灌丛、胡颓子灌丛、连翘灌丛、荆条灌丛、紫穗槐灌丛、黄荆灌丛、火棘灌丛等;灌草丛:主要有黄背草美丽胡枝子灌草丛、黄背草细柄草灌草丛、白茅灌草丛、黄茅灌草丛、小白酒草灌草丛、野艾蒿灌草丛等。

黄金峡枢纽工程区植被以阔叶林和灌丛及灌草丛、农田为主,河滩边有人工种植的意杨林。阔叶林以白桦林、香椿、青冈栎林等为主,灌丛和灌草丛以小果蔷薇灌丛、白茅灌草丛为主。淹没区土地类型除水域外,主要为林地和农田,分别占淹没区总面积的47.01%、30.62%。其中,常见林地树种有油松、马尾松、杨树、旱柳、核桃、槭树、板栗、香椿和杜仲等。此外,还有部分的柏木、枫杨、刺槐、白桦等阔叶林。农田主要为旱地作物,有油菜、玉米、小麦等。

黄金峡水库建成运行后,保护区和试验区局域漫滩、浅滩、湿地消失,变为深水湿地;极少量的森林被淹没;试验区湿地、森林生态系统结构发生一定程度的改变。水库淹没涉及的植物以天然草本、灌丛和农作物为主,高等乔木较少,主要是一些常见的树种,水源区淹没线下以灌木林地和耕地为主,淹没会减少局部的生物量与生产力。

2.5.3　遥感生态指数

RSEI 指数是由徐涵秋提出的遥感生态指数(remote sensing based ecological index,RSEI),RSEI 指数的湿度、绿度、热度、干度指标可以分别由以下遥感指数或参量来取(徐涵秋,2013)。

$$RSEI = 1 - \{PC1[f(NDVI, Wetness, LST, NDBSI)]\} \tag{2-1}$$

式中:PC1 为主成分变换(PCA)后的第一主成分;NDVI 为归一化差值植被指数,代表绿度;Wetness 为缨帽变换的湿度分量,代表湿度;LST 为地表温度,代表热度;NDBSI 为裸地和建筑指数,代表干度。为了消除 NDVI、Wetness、LST 和 NDBSI 4 个指标量纲不统一造成的权重失衡问题,在做 PCA 之前,需依据式(2-2)对这 4 个指标进行最大值-最小值正规化。

$$NI_k = (I_k - I_{min})/(I_{max} - I_{min}) \tag{2-2}$$

式中:NI_k 为正规化后的某一指标值;I_k 为 I 指标在像元 k 的值,I_{max} 为 I 指标的最大值,I_{min} 为 I 指标的最小值。

为了便于指标的度量和比较,可同样对 RSEI 进行正规化:

$$RSEI_n = (RSEI - RSEI_{min})/(RSEI_{max} - RSEI_{min}) \qquad (2\text{-}3)$$

$RSEI_n$ 即为所建的遥感生态指数,其值介于 $[0,1]$。$RSEI_n$ 值越接近 1,生态越好;反之,生态越差。

综合图 2-5~图 2-9 可以看出,黄金峡水库消落带及两岸 1 km 缓冲带区域的生态质量处在中等偏低的状态,黄金峡水库建设施工对处于该区域的植被产生了轻微的干扰,带来了局部轻微的夏季热岛环境。

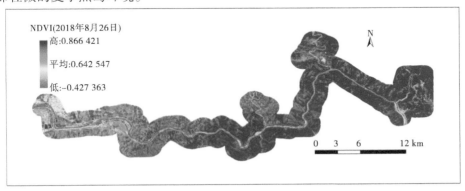

图 2-5　黄金峡水库消落带及两岸 1 km 缓冲带的植被指数(NDVI)空间分布

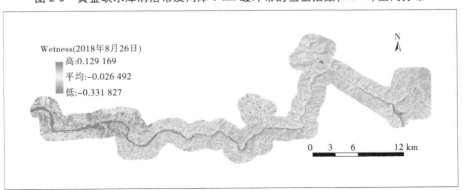

图 2-6　黄金峡水库消落带及两岸 1 km 缓冲带的湿度分量(Wetness)空间分布

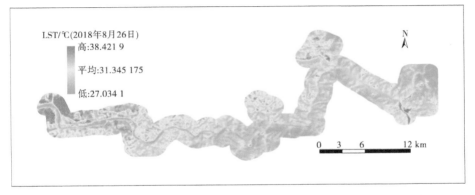

图 2-7　黄金峡水库消落带及两岸 1 km 缓冲带的地表温度(LST)空间分布

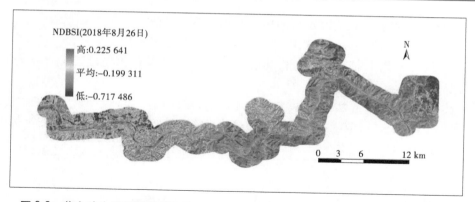

图 2-8　黄金峡水库消落带及两岸 1 km 缓冲带的裸地与建筑指数(NDBSI)空间分布

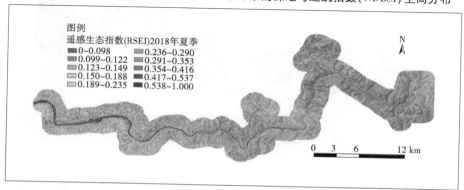

图 2-9　黄金峡水库消落带及两岸 1 km 缓冲带的 2018 年夏季遥感生态指数(RSEI)

2.6　消落带及其缓冲带立地条件

2.6.1　立地类型分类方法

参考相关研究,对黄金峡库区及消落带建立 1 000 m 的缓冲带。借鉴罗伟祥等(1985)和王飞(2013)在黄土高原划分森林立地类型的方法,依据地形部位、坡度、坡向这 3 个因子对消落带立地类型进行划分(王飞,2013;张新平 等,2018)。

以空间分辨率 12.5 m 的 DEM(数字高程模型)为数据源(由延安市宝塔区国土资源分局提供),在 ArcGIS 和简易地形分析软件(SimDTA v1.03)中分别提取坡度、坡向和地形部位,并按照王飞(2013)"地形部位+坡向+坡度"的方式,进行栅格文件的叠加、制图和统计分析。

2.6.1.1　坡度提取

坡度(β)是指地面上某点相对水平面的倾斜程度,它直接影响着地表的物质流动与能量的再分配,影响着土壤的发育、植被的种类与分布,制约着土地利用的类型与方式,是影响水土流失强弱的关键因子。计算方法参照王秀云(2006)。

$$\beta = \arctan\sqrt{\left(\frac{\delta_z}{\delta_x}\right)^2 + \left(\frac{\delta_z}{\delta_y}\right)^2}$$ (2-4)

式中：δ_x、δ_y、δ_z 分别为地面上某点在 x、y、z 方向上的距离差值。

2.6.1.2　坡向提取

坡向由数字高程模型(DEM)派生而成，分为阴坡(东、东北、北、西北)，阳坡(西、西南、东南、南)，在 DEM 数据中若坡度为 0(平地)的栅格数据，在提取坡向的过程中被赋值为 −1(汤国安等，2006)。

$$A = \arctan\left(\frac{f_y}{f_x}\right)$$ (2-5)

式中：f_y、f_x 分别为高程沿南北和东西方向上的变化率。

2.6.1.3　地形部位提取

地形部位(山脊、坡面、山谷)中，山脊线与山谷线由平面曲率与地形坡型组合提取。山脊线、山谷线的提取流程见图 2-10，数据源为地理配准的 12.5 m DEM，在 ArcGIS 10.2 中实现。以 ASCII 格式的山脊线、山谷线和 DEM 为输入数据，在简易地形分析软件(SimDTA v1.03)中，依据式(2-6)提取相对位置指数(relative position index, RPI)，如图 2-11 所示。

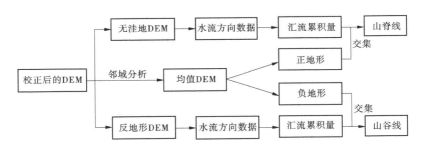

图 2-10　山脊线、山谷线的提取流程

$$RPI = \frac{ED_{nv}}{ED_{nv} + ED_{nr}}$$ (2-6)

式中：ED_{nv}、ED_{nr} 分别为该点到其最近山谷线和到其最近山脊线的欧式距离。

2.6.1.4　立地类型划分结果的制图与统计

在 ArcGIS 10.2 中运用叠置工具对分级后的坡度、坡向和地形相对位置指数取交集，得到研究区立地类型划分结果(landsite)，制作立地类型空间分布图，并导出 landsite 的属性表，在 Excel 中通过透视表统计各类立地类型的面积。

2.6.2　立地类型划分结果

依据 2.6.1 小节立地类型分类方法，将研究区划分为 33 种立地类型(见图 2-12)，各类立地类型分布相对均衡，小斑块较多，连接性差。其中，占地面积比例前 10 位(3.3% 以上)的立地类型有：中坡阳坡陡坡、中坡阴坡陡坡、中坡阳坡斜坡、中坡阴坡极陡坡、中坡

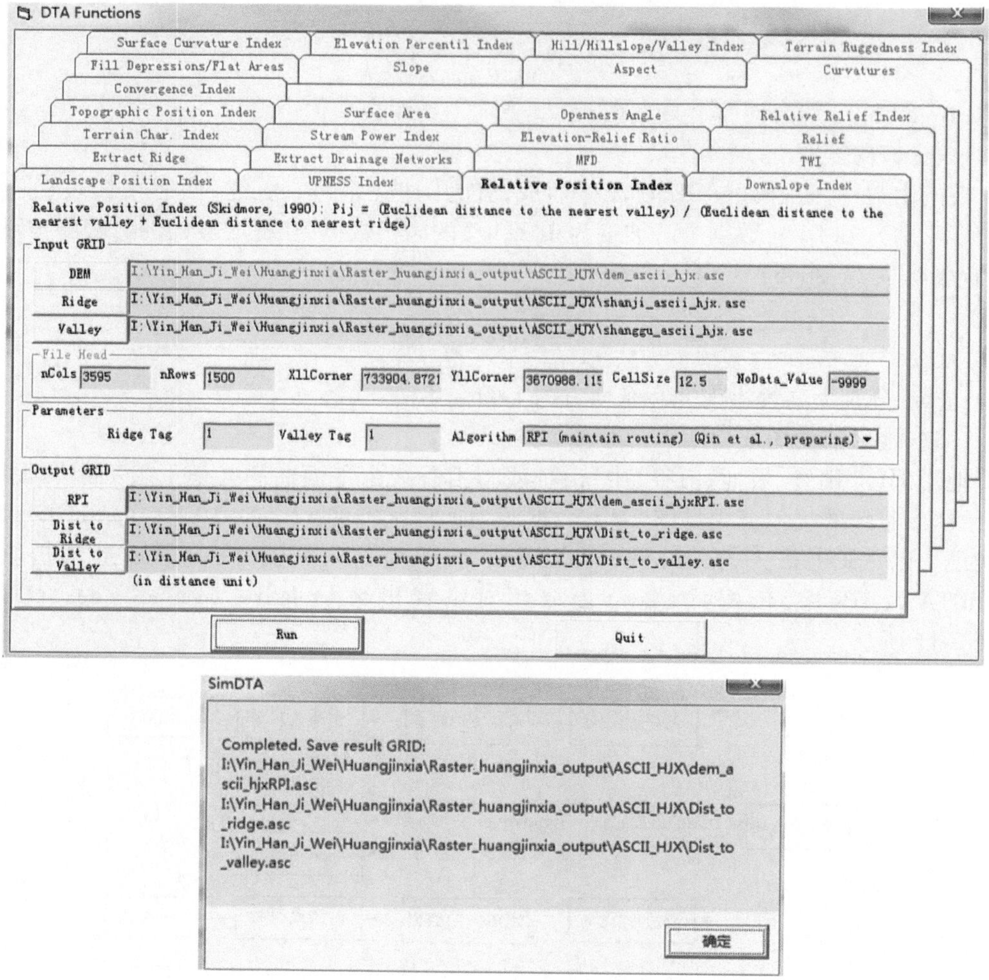

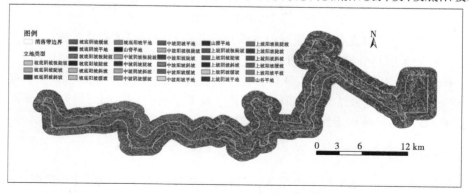

图 2-11　基于 SimDTA 软件通过 DEM 求算地形坡位 (RPI)

阴坡斜坡、中坡阳坡极陡坡、中坡阳坡缓坡、中坡阴坡缓坡、坡底阳坡斜坡、坡底阳坡缓坡。

图 2-12　黄金峡水库消落带及两岸 1 km 缓冲带的立地类型划分结果

2.7　朱鹮自然保护区概况

朱鹮栖息地位于陕西秦岭南坡,行政区划属汉中市,跨越洋县和城固两个县。保护区总面积 37 549 hm^2。目前,朱鹮野生种群长年生活在秦岭南坡中低山带和汉江河谷($33°08' \sim 33°35'$ N, $107°17' \sim 107°44'$ E)。按目前对珍稀鸟类活动规律的研究,将朱鹮栖息地分为 3 个区域:繁殖区、游荡区和越冬区。其中,繁殖区地处秦岭南坡的中低山区,海拔为 840~1 200 m,该区域坡度较陡(大于 $40°$),地形复杂,气候寒冷。游荡区地处汉江支流两岸的丘陵平坝区,面积范围广,占栖息地总面积的 95% 以上,海拔为 450~840 m,该区域丘陵河流水库分布密集,平坝区存在大量水田。越冬区位于繁殖区和游荡区之间,是朱鹮从游荡活动进入繁殖区的过渡地带。

黄金峡水库在建成运行后,其库尾淹没陕西汉中朱鹮国家级自然保护区部分湿地,该湿地是朱鹮赖以生存的重要栖息地,保护区内朱鹮得以生存的很重要的原因是保护区内存在多处水源地,其周边湿地中的植被正是朱鹮秋季集群期的主要食物之一,特别是芦苇等挺水植物构成的小生境是湿地鸟类主要的栖息、营巢和觅食场所。朱鹮对栖息地内水流流速、水位、水质等水文要素、植被群落种类及数量等环境因素都有较高的要求,因此水流的改变、植被群落的改变对朱鹮的生存将造成重要影响。

2.8　小　结

本章确定了以汉江干流中洋县段至黄金峡水利枢纽两岸的湿地作为研究区域,详细介绍了该区域自然地理、径流、洪水、地质土壤概况;并简单介绍了黄金峡水利枢纽的基本情况,介绍了其建成运行后对上游的耕地、林地、房屋、人口的影响;介绍了水库运行后对上游河道两岸植被群落的影响,使得部分浅滩湿地变为深水湿地;挺水、草本、灌木、乔木植被群落都受到一定程度的影响,其中挺水植物因为与水流接触最为密切,其自身对水体的缓流和净水作用更是不容忽视;用遥感技术调查明确库区植被变化情况,可以看出,黄金峡水库消落带及两岸 1 km 缓冲带区域的生态质量处在中等偏低的状态,黄金峡水库建设施工对处于该区域的植被产生了轻微的干扰,带来了局部轻微的夏季热岛环境;划分消落区立地条件,结果表明各类立地类型分布相对均衡,小斑块较多,连接性差;介绍了水库库区与上游湿地以及朱鹮保护区的概况,黄金峡水库建库后,由于湿地群落结构的改变及自身水体要素的改变对朱鹮等珍稀鸟类的生存有一定的影响。

3 黄金峡水库及其上游岸区湿地本底调查研究

3.1 沉积物无机环境

黄金峡水库及其上游岸区湿地沉积物样品酸碱度均在 7~8,属中性土壤;有机质含量在 2~8 mg/kg;沉积物以砂质土为主(>80%),黏质土含量很低(<5%);沉积物电导率在 60~120 mS/m。沉积物理化性质如图 3-1 所示。

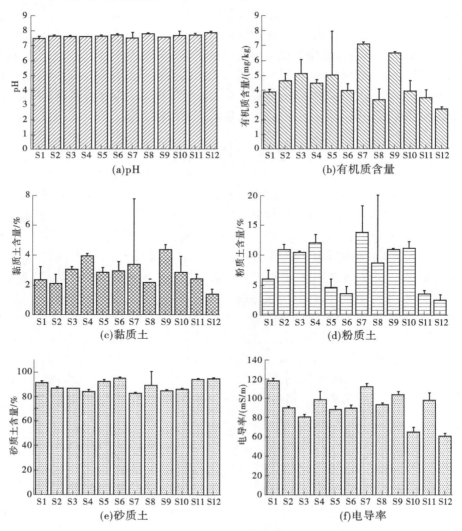

图 3-1 沉积物理化性质

对研究区域沉积物中的重金属含量进行了测定,结果如表 3-1 所示。研究发现,研究区域沉积物中 Cu、Cr、Ni、Zn、Mn 的含量都超过背景值,但是只有 Zn 元素含量超过阈值。

表 3-1　黄金峡水库及其上游岸区湿地沉积物重金属含量

项目		Cu	Cr	Ni	Pb	Zn	Mn
黄金峡水库及其上游岸区湿地	(均值±标准差)/(mg/kg)	30.3 ± 9.4	69.2±23.6	29.6±5.1	17.3±7.3	127.6±18.5	987.5±223.5
	范围/(mg/kg)	19.5~51.2	33.5~124.5	17.8~36.9	1.9~25.4	94.8~157.9	674.1~1 329.1
	C_V/%	34.1	31.1	17.1	42.5	14.5	22.6
元素背景值/(mg/kg)		21.4	62.5	28.8	21.4	69.4	557
元素阈值(GB 15618—2018)/(mg/kg)		50	150	60	70	200	—

6 种重金属(Cu、Cr、Ni、Pb、Zn 和 Mn)以及沉积物理化性质之间的相关性分析结果(见图 3-2)显示,金属元素之间、沉积物有机质含量与金属元素之间以及沉积物粉质土与金属元素之间存在着明显的正相关关系,沉积物砂质土含量与重金属含量之间以及沉积物 pH 与重金属之间存在着明显的负相关关系。

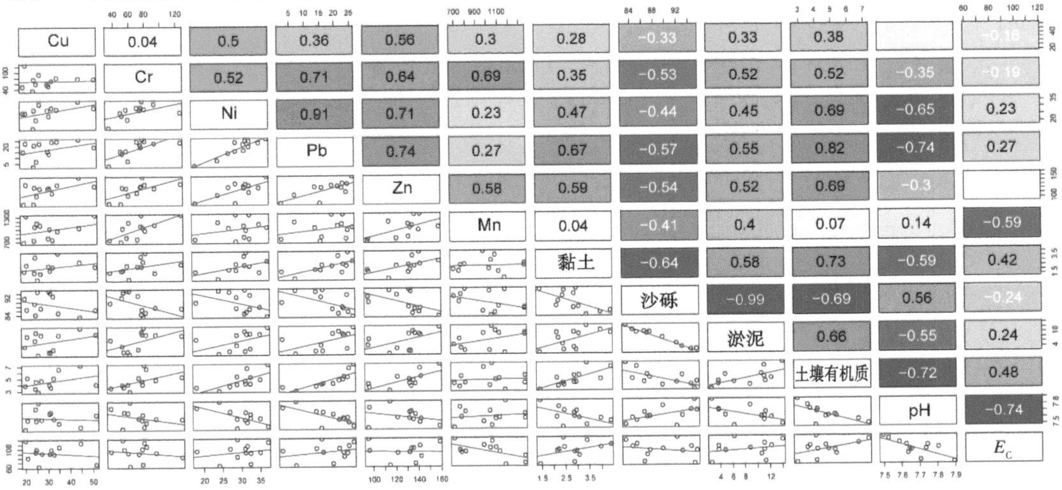

图 3-2　沉积物重金属与沉积物理化性质之间的相关性分析结果

对沉积物微塑料含量进行测定,发现 12 个采样点的沉积物样品全部都检测到微塑料的存在,其中 6 个采样点的微塑料含量小于 400 items/kg,6 个采样点的微塑料含量高于 600 items/kg(见图 3-3)。

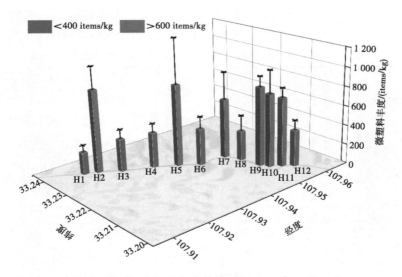

图 3-3　黄金峡水库及其上游岸区湿地沉积物中微塑料丰度

3.2　沉积物微生物群落多样性及组成

黄金峡水库及其上游岸区湿地沉积物微生物群落多样性指数(Shannon、Simpson、Chao1 和 ACE)结果如图 3-4 所示,Shannon 指数在 7.843~10.612,平均值为 10.084;Simpson 指数在 0.898~0.998,平均值为 0.989;Chao1 指数在 4 324~6 563,平均值为 6 034;ACE 指数在 4 505~6 827,平均值为 6 250。

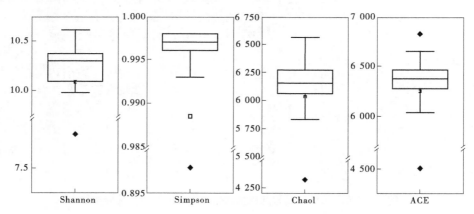

图 3-4　黄金峡水库及其上游岸区湿地沉积物微生物群落多样性指数

微生物群落物种组成情况如图 3-5 所示。在门水平上,菌门相对丰度的前十位为:Proteobacteria > Acidobacteria > Firmicutes > Bacteroidetes > Actinobacteria > Nitrospirae > Chloroflexi > Verrucomicrobia > Planctomycetes > Cyanobacteria;在纲水平上,菌纲相对丰度前十位为:Gammaproteobacteria > Alphaproteobacteria > Deltaproteobacteria > unidentified_Acidobacteria>Bacteroidia>Erysipelotrichia > Nitrospira > Bacilli > Clostridia > unidentified_

Cyanobacteria;在目水平上,相对丰度排名前十位的为:unidentified_Gammaproteobacteria ＞ Rhizobiales ＞ unidentified_Acidobacteria ＞ Desulfuromonadales ＞ Erysipelotrichales ＞ Nitrospirales ＞ Lactobacillales ＞ Clostridiales ＞ Methylococcales ＞ unidentified_Cyanobacteria。

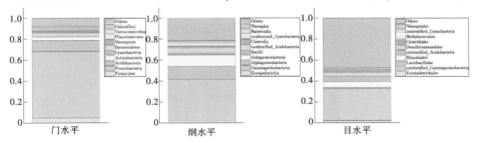

图 3-5　黄金峡水库及其上游岸区湿地沉积物微生物群落物种组成

3.3　植物及底栖动物调查

在黄金峡水库及其上游岸区湿地所有样地内均未发现植物及底栖动物(见图 3-6)。

图 3-6　黄金峡水库及其上游岸区现场情况

3.4　朱鹮栖息地评估

3.4.1　朱鹮栖息地研究

根据朱鹮的活动规律和栖息地的特点,可将其栖息地分为繁殖区、游荡区和越冬区。黄金峡水利枢纽的施工及运行将会影响朱鹮的觅食生境。每年 12 月至翌年 2 月,朱鹮转到山区越冬。越冬区位于繁殖区和游荡区之间,以低山和丘陵地带为主。朱鹮冬季主要觅食地包括冬水田、河滩和水库岸边湿地,分别占 49.4%、39.9%和 5.8%。主成分分析结果表明,朱鹮喜欢在海拔相对较低、冬水田面积较大、视野开阔、土壤松软、植被稀少,但附近人类活动也较频繁的地区觅食。

3.4.2　朱鹮栖息地生境类型

针对朱鹮栖息地提炼出 3 个类型空间环境:营巢生境、夜栖生境和觅食生境(见

图 3-7)。本书研究以此为基础,重点对构成每个生境类型的不同生境因子展开研究,对这 3 个生境类型中重要的 5 个生境因子进行提炼,构成朱鹮生存的不同场地特征。

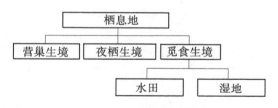

图 3-7 朱鹮栖息地生境类型

3.4.2.1 营巢生境及主要生境因子

2 月至 6 月中旬,朱鹮在繁殖季节喜欢集群在繁殖区峪口 19 m 以上的马尾松、栓皮栎、油松等树木上营巢,朱鹮最大繁殖种群集群区——花园村繁殖区所在的栖息地分析表明,这一地区栖息地内共有 5 种栖息地生境因子,分别为马尾松林(占 73.1%)、次生疏林(占 16.9%)、农田(占 4.8%)、稀疏灌木林(占 4.2%)、油松栎类混交林(占 1.0%),且营巢附近基本都有居民点。

3.4.2.2 夜栖生境及主要生境因子

6 月中旬至 11 月底,朱鹮迁移到汉江及其支流的沿岸地区,开始游荡生活。洋县洋洲镇的草坝、党水河纸坊段河滩及汉江大桥桥头西端河滩等地是朱鹮主要的夜栖地。夜栖树高大、径粗、冠层厚;主要夜栖树有麻栎、槲栎、栓皮栎、油松和马尾松等,其中栎树是最适宜的夜栖树种。15 m 以上的树高最适宜朱鹮夜宿。栖息地周边有水田,与居民点的距离趋近,能有效阻止天敌袭击。

3.4.2.3 觅食生境及主要生境因子

朱鹮的觅食地主要有 3 种类型:冬水田、河滩湿地、水库岸边湿地。冬水田为朱鹮冬季的主要觅食地类型之一,内有丰富的泥鳅、田螺、黄鳝、青蛙以及软体动物,为朱鹮提供了充足的食物资源。这 3 种斑块的面积变化是直接导致朱鹮数量变化的重要原因。如 20 世纪 80 年代初,朱鹮冬季取食地冬水田大面积被改为旱田,面积由 3 000 多亩(约 200 hm²)减少到 400 多亩(约 26.7 hm²),与朱鹮种群濒危灭绝有着直接的关系。

3.4.3 朱鹮栖息地评估

应用地理信息系统进行栖息地质量评估具有较高的空间精确性,对保护区的规划和管理具有参考价值。应用 GIS 分析朱鹮的栖息地质量,利用数字化的植被信息、地形信息,以及道路、乡镇和河流信息进行了生境适宜度评价,发现朱鹮集中分布在适宜度较高(>0.6)的区域内,说明地形、植被、河流和人为干扰等景观因子对朱鹮的限制作用非常明显。

自 1981 年陕西洋县重新发现朱鹮野生种群以来,朱鹮保护站加强管理,朱鹮野生种群数量攀升,但个别年份受反常气温和严重干旱的影响,导致朱鹮繁殖失败。据不完全统计,1999~2003 年共繁殖 259 只幼鸟,见图 3-8。2000 年朱鹮繁殖数有所下降,2001 年和 2002 年朱鹮繁殖数有所上升,但是从植被 NDVI 来看,2000 年和 2003 年植被 NDVI

值较高，有改善倾向。整体来看，植被覆盖并不是影响朱鹮繁殖生长的主要因素。

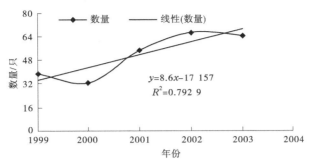

图 3-8 朱鹮繁殖数量

3.5 小 结

本章对黄金峡水库及其上游岸区湿地开展了本底调查研究,调查了沉积物无机环境,调查发现土壤性质为中性,并了解了沉积物的理化性质;确定了黄金峡水库及其上游岸区湿地沉积物微生物群落多样性指数,并完成了微生物群落物种组成情况的调查;对植物及底栖动物调查显示,在黄金峡水库及其上游岸区湿地所有样地内均未发现植物及底栖动物;对朱鹮栖息地的研究表明,黄金峡库区的植被覆盖变化对朱鹮生存影响不显著。

4 研究区洋县段水动力及水质模拟

当黄金峡水库建成运行后,会造成库区上游水位抬升,改变原有水流结构,使原有流域淹没面积大幅增加,水体自身净化能力降低,两岸原有的出露滩地面积减少,影响植被生存状况,进而影响整个生态系统,也会对研究区内朱鹮国家级自然保护区内珍稀鸟类造成严重影响。因此,有必要分析黄金峡水库建库前后水位、流速、水质变化情况,为后续的水力学试验和生态修复提供背景支撑。

4.1 水动力及水质模型选择

对研究区中洋县段河道采用 MIKE 21 中 HD 和 AD 模块模拟计算河道水动力和水质,MIKE 21 是一款用于模拟各种流场问题(河流、湖泊、河口、海湾等)和基于流场下的环境问题(水质、泥沙等)的二维数值模拟软件。国内外诸多研究人员普遍认同,在工程项目实际应用中,MIKE 21 都被证明精度高、效率快。

在本书研究中,将该软件应用于对河流水位以及水质变化的模拟,可以展现建库前后水位、水质变化情况,使水位、水质变化可视化,能为库区湿地的生态修复提供明确的方向和依据。

4.2 水动力及水质基础模型的构建方法

4.2.1 水动力模型模拟方法

MIKE 21 水动力模块控制方程是基于二维浅水方程的数值求解方法,并形成了不可压缩的雷诺平均方程和纳维-斯托克斯方程,服从静水压力的假定(陈成成,2020)。

二维非恒定浅水方程组为

$$\frac{\partial h}{\partial t} + \frac{\partial h\bar{u}}{\partial x} + \frac{\partial h\bar{v}}{\partial y} = hS \tag{4-1}$$

$$\frac{\partial h}{\partial t} + \frac{\partial h\bar{u}}{\partial x} + \frac{\partial h\bar{v}}{\partial y} = f\bar{v}h - gh\frac{\partial \eta}{\partial x} - \frac{h}{\rho_0}\frac{\partial P_a}{\partial x} - \frac{gh^2}{2\rho_0}\frac{\partial \rho}{\partial x} + \frac{\tau_{sx}}{\rho_0} - \frac{\tau_{bx}}{\rho_0} - \frac{1}{\rho_0}\left(\frac{\partial s_{xx}}{\partial x} + \frac{\partial s_{xy}}{\partial y}\right) +$$

$$\frac{\partial(hT_{xx})}{\partial x} + \frac{\partial(hT_{xy})}{\partial y} + hu_s S \tag{4-2}$$

$$\frac{\partial h\bar{v}}{\partial t} + \frac{\partial h\bar{u}\bar{v}}{\partial x} + \frac{\partial h\bar{v}^2}{\partial y} = -f\bar{u}h - gh\frac{\partial \eta}{\partial y} - \frac{h}{\rho_0}\frac{\partial P_a}{\partial y} - \frac{gh^2}{2\rho_0}\frac{\partial \rho}{\partial y} + \frac{\tau_{sy}}{\rho_0} - \frac{\tau_{by}}{\rho_0} -$$

$$\frac{1}{\rho_0}\left(\frac{\partial s_{yx}}{\partial x} + \frac{\partial s_{yy}}{\partial y}\right) + \frac{\partial(hT_{xx})}{\partial x} + \frac{\partial(hT_{yy})}{\partial y} + hv_s S \tag{4-3}$$

式中:t 为时间;x,y 为笛卡儿坐标系坐标;η 为水位;h 为总水深,$h=\eta+d$,d 为静止水深;P_a 为静水压强;u 为 x 方向上的速度分量;v 为 y 方向上的速度分量;f 为哥氏力系数,$f=2\omega\sin\varphi$,ω 为地球自转角速度,φ 为当地纬度;g 为重力加速度;ρ 为水的密度;s_{xx}、s_{xy}、s_{yx}、s_{yy} 分别为辐射应力分量;τ_{sx} 为水体表面摩擦力在 x 方向上的分力;τ_{bx} 为河床摩擦力在 x 方向上的分力;τ_{sy} 为水体表面摩擦力在 y 方向上的分力;τ_{by} 为河床摩擦力在 y 方向上的分力;S 为源项;u_s、v_s 为源项水流流速;$T_{ij}(T_{xx},T_{xy},T_{yy})$ 为水平黏滞应力项,包括黏性力、紊流应力,可根据涡流黏性方程计算得出:

$$T_{xx}=2A\frac{\partial\bar{u}}{\partial x},T_{xy}=A\left(\frac{\partial\bar{u}}{\partial y}+\frac{\partial\bar{v}}{\partial x}\right),T_{yy}=2A\frac{\partial\bar{v}}{\partial y}(1-\zeta) \tag{4-4}$$

式中:A 为单位面积;ζ 为水位;字母上带横杠的是平均值。$\bar{u}$、$\bar{v}$ 由以下公式定义:

$$h\bar{u}=\int_{-d}^{\eta}u\mathrm{d}z,h\bar{v}=\int_{-d}^{\eta}v\mathrm{d}z \tag{4-5}$$

以下简述 MIKE 21 水动力模块数值解法。数值解法包括时间积分和空间离散两部分。

(1)时间积分。

方程一般形式为 $\frac{\partial u}{\partial t}=G(u)$,根据计算效率和精度可分为高阶和低阶。具体如下:

高阶
$$U_{n+1}=U_n+\Delta tG(U_n) \tag{4-6}$$

低阶
$$U_{n+1/2}=U_n+\frac{1}{2}\Delta tG(U_n) \tag{4-7}$$

$$U_{n+1}=U_n+\Delta tG(U_{n+1/2}) \tag{4-8}$$

式中:Δt 为时间步长。

(2)空间离散。

根据有限体积法将计算区域划分为不重复的单元。这里考虑三角形划分。在笛卡儿坐标系中的二维浅水方程组为

$$\frac{\partial U}{\partial t}+\frac{\partial(F_X^I-F_X^V)}{\partial x}+\frac{\partial(F_Y^I-F_Y^V)}{\partial y}=S \tag{4-9}$$

式中:I、V 分别为无黏性通量和黏性通量。各项分别如下:

$$U=\begin{Bmatrix}h\\hu\\hv\end{Bmatrix} \quad F_X^I=\begin{Bmatrix}hu\\hu^2+\frac{1}{2}g(h^2-d^2)\\huv\end{Bmatrix} \quad F_Y^I=\begin{Bmatrix}hv\\hv^2+\frac{1}{2}g(h^2-d^2)\\huv\end{Bmatrix}$$

$$F_X^V=\begin{Bmatrix}0\\hA\left(2\frac{\partial u}{\partial x}\right)\\hA\left(\frac{\partial u}{\partial y}+\frac{\partial v}{\partial x}\right)\end{Bmatrix} \quad F_Y^V=\begin{Bmatrix}0\\hA\left(\frac{\partial u}{\partial y}+\frac{\partial v}{\partial x}\right)\\hA\left(2\frac{\partial v}{\partial x}\right)\end{Bmatrix}$$

$$S = \begin{cases} 0 \\ g\eta\frac{\partial d}{\partial x} + f\overline{v}h - \frac{h}{\rho_0}\frac{\partial P_a}{\partial x} - \frac{gh^2}{2\rho_0}\frac{\partial \rho}{\partial y} - \frac{1}{\rho_0}\left(\frac{\partial s_{xx}}{\partial x} + \frac{\partial s_{xy}}{\partial y}\right) + \frac{\tau_{sx}}{\rho_0} - \frac{\tau_{bx}}{\rho_0} + hu_s \\ g\eta\frac{\partial d}{\partial y} + f\overline{u}h - \frac{h}{\rho_0}\frac{\partial P_a}{\partial y} - \frac{gh^2}{2\rho_0}\frac{\partial \rho}{\partial y} - \frac{1}{\rho_0}\left(\frac{\partial s_{yx}}{\partial x} + \frac{\partial s_{yy}}{\partial y}\right) + \frac{\tau_{sy}}{\rho_0} - \frac{\tau_{by}}{\rho_0} + hu_s \end{cases}$$

方程第 i 个单元可运用 Gauss 原理进行分析:

$$\int_{A_i}\frac{\partial U}{\partial t}\mathrm{d}\Omega + \int_{\Gamma_i}(F \cdot n)\mathrm{d}s = \int_{A_i}S(U)\mathrm{d}\Omega \qquad (4\text{-}10)$$

式中: A_i 为单元 Ω_i 的面积; Γ_i 为单元的边界; $\mathrm{d}s$ 为沿着边界的积分变量。

4.2.2 水质模型的模拟方法

搭建的水质模型是由水动力模型和对流扩散模型耦合而成的。

4.2.2.1 水质控制方程

污染物质在水中的扩散采用对流扩散方程:

$$\frac{\partial c}{\partial t} + u\frac{\partial c}{\partial x} + v\frac{\partial c}{\partial y} = D_x\frac{\partial^2 c}{\partial x^2} + D_y\frac{\partial^2 c}{\partial y^2} \qquad (4\text{-}11)$$

式中: c 为浓度,mg/L; D_x、D_y 分别为 x 和 y 方向上的扩散系数。

4.2.2.2 水质降解方程

污染物质在水中的降解采用一级反应方程式:

$$\frac{\partial c}{\partial t} = -Kc \qquad (4\text{-}12)$$

式中: t 为时间,s; c 为浓度,mg/L; K 为衰减系数,1/s。

4.3 水动力及水质模型工况和计算区域选择

天然来水条件下的自然河道和建坝后的库区河段所表现出来的水力特征和流场往往不尽相同。在本书研究中,选择能发生的且对工程最为不利的工况条件,并应用二维水动力模型对其进行流场和水质的分布模拟,以期更好地为黄金峡库区进行湿地生态修复服务。

引汉济渭调水工程所采取的设计基准年为 2007 年,近期设计水平年为 2025 年,调水规模 10 亿 m³;远期设计水平年为 2030 年,调水规模 15 亿 m³。工程实施调水后,为保护下游河道生态流量,工程运行期黄金峡水库将下泄 25.0 m³/s(最小流量)。在引汉济渭环评报告中选择 2007 年作为设计基准年对 2025 年与 2030 年的数据进行预测。因此,选择 2007 年 2~8 月的实测来水径流量资料进行二维水动力模型的构建。

考虑到实际数据的获得性、完整性,最终确定计算区域为黄金峡库区上游洋县段一长度约 21.7 km 的河段为代表进行二维水动力模拟,该区域内有朱鹮栖息地保护区,同时也是黄金峡库区上游河道的主要污水来源,因此具有代表性。该区域在距黄金峡水利枢纽坝址断面 49.3~71.0 km 处,全长约 21.7 km,用 AutoCAD 测量出模拟河段的流域面积约为 11.71 km²。运用 ArcGIS 软件提取出的计算区域如图 4-1 所示。

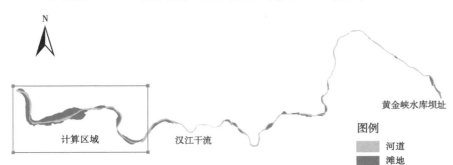

图 4-1　计算区域

4.4　模拟区域网格划分

二维水动力模型的计算区域为黄金峡库区库尾段的部分河道,距离黄金峡水利枢纽坝址断面 49.3～71.0 km,全长约 21.3 km。由于计算区域内的两岸几乎无束缚,多为滩地和村庄,在水库蓄水后会淹没回水位以下的大量滩地和村庄,选取实测地形中的高点作为陆地边界并适当地展宽模型,可以较好地模拟在计算区域的水位和水质变化。网格采用三角形网格划分,网格高度随地形自行适应。网格总数为 3 666 个。在模拟计算时,上下游边界确定,两岸作适当调整,窄边自动适应河道宽窄。对河道地形进行概化和光滑处理后,计算区域网络如图 4-2 所示。

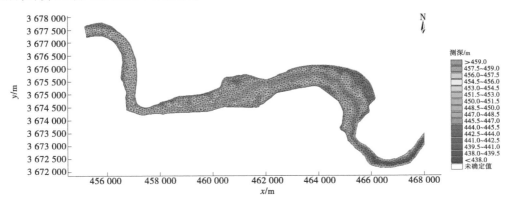

图 4-2　计算区域网格

4.5　水动力及水质模型率定和验证

4.5.1　水动力模型率定及验证

水动力模型选择研究区内洋县站点的 2004 年水位数据进行率定,选择 2005 年数据进行验证,水动力模型水位验证见图 4-3。

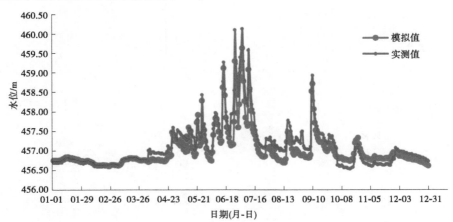

图 4-3　水动力模型水位验证

如图 4-3 所示,水动力模型模拟得到的结果和实测值平均误差在 15% 以内,该水动力模型可以较好地模拟河道的水动力变化。

在模型计算中,选取给定流量作为上游边界条件,选取下游水位作为下游边界条件。进行二维数学计算时,建库后,入流条件不变,但其出流条件受到库区蓄水的影响将会发生相应的变化。因此,在模型运行时,对于建库前的水动力模拟采取天然来水状态以及天然水位涨幅进行模拟计算,建库后的出流条件以库区正常蓄水位(450 m 和 455 m)进行模拟计算。其中,流量数据选取 2~8 月半年的逐日来水量进行模拟;经过验证调整模型参数,模型需要设置不同的参数以适应实际情况,研究区水动力模型参数设置如下:

(1)时间步长。根据所绘网格大小,水深条件自动调整计算时间步长。计算步长为 0.05~18 s。

(2)涡黏系数。反映水流能量耗散的过程,其值过大、过小都会使计算失稳。采用 k-ε 湍流模型用于实时计算垂向涡黏系数,k-ε 方程中的参数取经验值。

(3)糙率值。从工程可研报告中得知黄金峡上游河道河床糙率值为 0.025~0.046。

(4)科氏力。根据网格投影信息计算科氏力,不同纬度区域科氏力不同。

4.5.2　水质模型率定及验证

水质指标来自于黄金峡上游洋县水质监测站站点的实测数据,将 COD、TP、TN 水质监测指标模拟结果和实测值进行比较,如表 4-1 所示,结果误差控制在 8.6% 以内,表明该模型模拟情况较好,因此可以用建立的水质模型来模拟研究区水质变化。

表 4-1　洋县站点水质指标验证

指标项	实测值/(mg/L)	计算值/(mg/L)	计算误差/%
COD	17.5	19	8.6
TN	0.88	0.85	3
TP	0.01	0.009 5	5

在模型计算中,假定建库前后排污总量不会发生较大的变化,以洋县站点的实测数据作为建库前后模型的水质指标输入值,分析所计算河道中污染物浓度变化和其迁移规律。

水质模型的糙率系数、涡黏系数、时间步长和干湿边界与水动力模型的设置相同。水质模型中的扩散系数和衰减系数为模型率定参数。通过对比实测资料和模拟计算结果,得到合适的扩散系数和衰减系数。扩散系数按拉格朗日紊动长度强度采用经验公式求得。

4.6 研究区水动力模拟

水动力变化特征包括流速变化、水位变化两个部分,分别分析建库前后水动力变化特征。在分析过程中,水库建库后蓄水位选取 450 m 和 455 m 进行分析。

4.6.1 研究区水位、淹没情况变化特征

分析黄金峡水库建库前后对上游河道中水位和淹没情况的影响,其中建库后的蓄水位包括 450 m 和 455 m 两种情况,水位及淹没面积变化如图 4-4 所示。

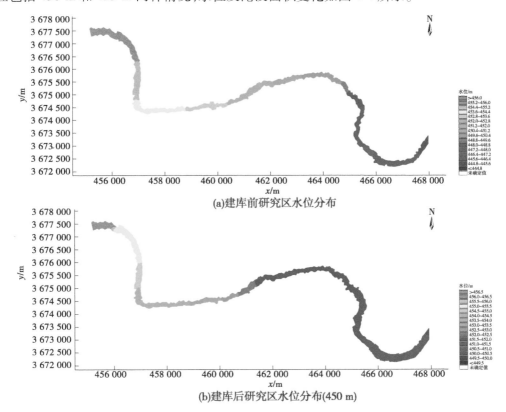

图 4-4 黄金峡水库建库前后水位及淹没面积变化

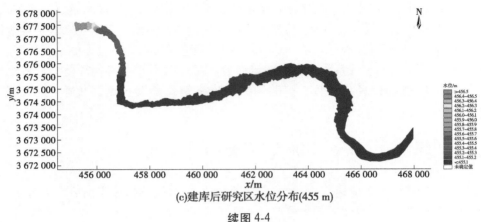

(c)建库后研究区水位分布(455 m)

续图 4-4

从图 4-4 中可以看出,建库前河道中的水位变化主要集中在 446.4~454.4 m,而在建库后其相对应的区域内水位得到了不同程度的抬升。当水库蓄水 450 m 时,河道中水位变化主要集中在 449.5~456.5 m;当水库蓄水 455 m 时,河道中基本四分之三的区域水位集中在 455 m 左右。可以看出,在黄金峡水库建库后对上游河道中的水位具有明显的抬升作用。而对于计算区的淹没面积来说,其变化如表 4-2 所示。

表 4-2 计算区淹没面积变化

名称	淹没面积/km²	淹没面积增加/km²
水库建库前	11.71	—
水库蓄水位 450 m	17.57	5.86
水库蓄水位 455 m	27.23	9.66

在黄金峡库区遥感数据、基础地理数据和地形勘测信息的基础上,结合研究区蓄水前、后的水位变化模拟情况,可以预估上游朱鹮栖息地湿地淹没面积,并对其影响区范围内的生境类型进行进一步明确,具体变化如图 4-5 所示。

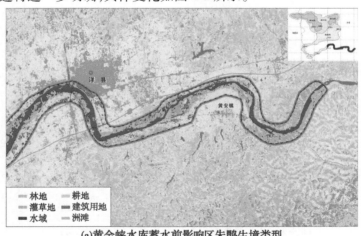

(a)黄金峡水库蓄水前影响区朱鹮生境类型

图 4-5 黄金峡水库蓄水前、后影响区朱鹮生境类型

(b)黄金峡水库蓄水后影响区朱鹮生境类型

续图 4-5

4.6.2　流速变化特征

　　分析黄金峡水库建库前后对上游河道中流速的影响,其中建库后的蓄水位包括 450 m 和 455 m 两个情况,变化特征如图 4-6 所示。

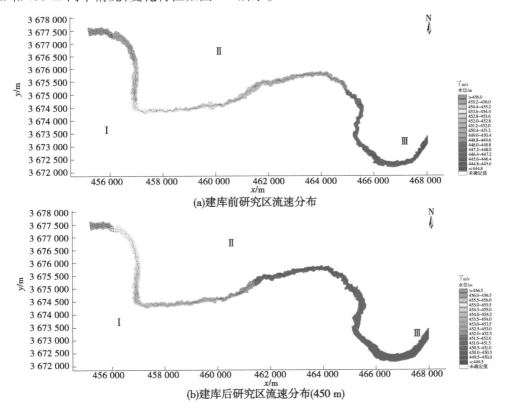

图 4-6　黄金峡水库建库前后流速变化特征

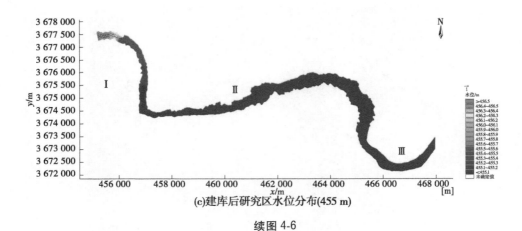

(c)建库后研究区水位分布(455 m)

续图4-6

从图4-6中可以看出,建库前后对区域Ⅰ段的水流流速影响不是很大,但对区域Ⅱ、Ⅲ段影响较为显著。区域Ⅱ、Ⅲ段建库前的水流流速大于建库后该区域处的流速。虽然随着水位的抬升导致河道中心线处的流速有一定程度的降低,但随着河道两岸淹没面积的增加,原先一些不受水流影响的滩地受到了水流的影响,对两岸造成了一定程度的冲刷。由于水流影响使得固土能力不强的滩地出现水土流失现象,破坏植被生存空间,反过来又加剧水土流失恶性循环。

黄金峡水库建成运行后,抬升了上游河道中水位,部分浅滩湿地将变成河库湿地,河漫滩大多消失,使得原来河道两岸中正常生长的植被出现不同程度的水淹现象。长时间的完全水淹可能会造成原有部分植被生长较差,甚至导致一些对水淹敏感植物的死亡,从而引起研究区的生物多样性减少、水土流失、生态系统更为脆弱等问题出现,尤其是朱鹮等珍稀鸟类对水体、植被群落周边的环境要求较高,受到的影响较为严重,因此要进行植被群落修复工作。植被修复不仅可以维持生态环境稳定、维持物种多样性,还可以有缓流的作用,能大幅减弱水体对两岸的冲刷,减轻水土流失的影响。

4.7　研究区水质模拟

目前,黄金峡水库库区存在的主要污染方式有点源污染和面源污染两种。其中,点源污染包含工业污染源和居民生活用水污染源,排污口如图4-7所示。工业污染主要来源于库尾洋县县城的3家公司,3家公司2011年废水排放量分别为709 t/d、143 t/d和27 t/d。其中,洋县×××调味品有限公司经简易污水沉淀池处理后直接排入汉江,其余2家公司污水经简单处理排入城市下水道,这种简单的排污方式会使得水体内的污染物浓度大幅增加。而主要生活污染源为洋县县城生活污水(排污口位于贯溪镇)以及位于库区支流上的金水镇生活污水。其中,贯溪镇排污口污水排放量为530 t/d,污水不经处理通过暗涵直接排入汉江。面源污染源主要来自农业污染,库区水质优劣很大程度上取决于面源污染负荷量的大小。尤其是在丰水期,由于暴雨集中,地表径流大,覆盖率很低的地表土壤因受侵蚀冲刷而发生严重的水土流失现象,使附着在土壤颗粒上的营养盐随水流流出,造成入库、入支流处的污染物浓度指标显著增大,严重影响水库丰水期水质。在这种情况下,引汉济渭工程一旦全年调水,面源污染问题将成为威胁调水水质的重要因素。

(a) 洋县×××调味品有限公司排污口(2011年4月)

(b)洋县县城污水排放(2011年4月)

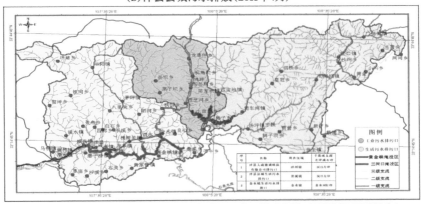

(c)黄金峡水库排污口位置示意图(2011年4月)(来源:引汉济渭环评报告)

图4-7 黄金峡水库库区排污口

而当黄金峡水库建成以后,由于水位抬升变化导致长时间淹没植物,造成一些植被死亡,对污染物的拦截和过滤功能减弱。加之流速减缓使水体自净能力减弱,使得水体中化学需氧量(COD)、总氮(TN)、总磷(TP)等污染物浓度含量升高,在地形复杂、库湾等局部地区甚至会出现水体富营养化现象,进而对当地生态系统造成影响。因此,有必要进行水质模拟。

分别分析水库建库前后水质指标(COD、TN、TP)的变化特性情况,建库后蓄水位选取450 m和455 m两个水位。

4.7.1 COD 浓度变化特征

分析黄金峡水库建库前后对上游河道中污染物 COD 浓度的变化影响,其中建库后的蓄水水位包括 450 m 和 455 m 两个情况,其变化特征如图 4-8 所示。

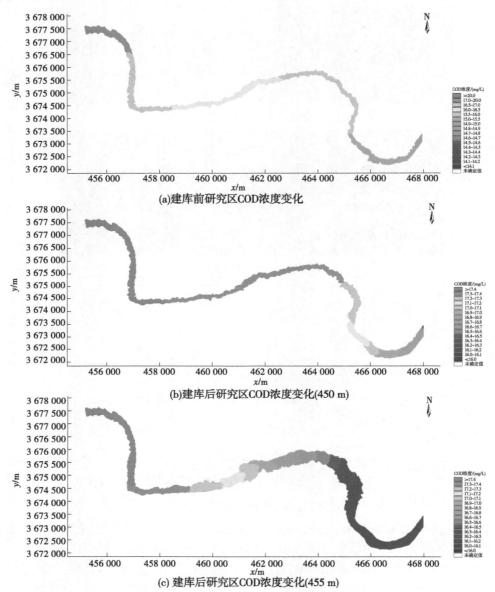

(a)建库前研究区COD浓度变化

(b)建库后研究区COD浓度变化(450 m)

(c) 建库后研究区COD浓度变化(455 m)

图 4-8 黄金峡水库建库前后 COD 浓度变化特征

从图 4-8 中可以看出,建库前河道中的 COD 浓度变化范围集中在 14.8~17 mg/L;当黄金峡水库建成蓄水位达到 450 m 时,河道中 COD 浓度大部分区域超过了 17.3 mg/L;当黄金峡水库蓄水位达到 455 m 时,河道中 COD 浓度相较于蓄水位为 450 m 时超过 17.3

mg/L 的区域面积大幅减少,后半段的 COD 浓度变化范围集中在 16~17 mg/L。从总体来看,黄金峡水库建成后,所选河道中的 COD 浓度较建库前都得到了不同程度的提升。

4.7.2　TN 浓度变化特征

分析黄金峡水库建库前后对上游河道中污染物 TN 浓度的变化影响,其中建库后的蓄水位包括 450 m 和 455 m 两个情况,其变化特征如图 4-9 所示。

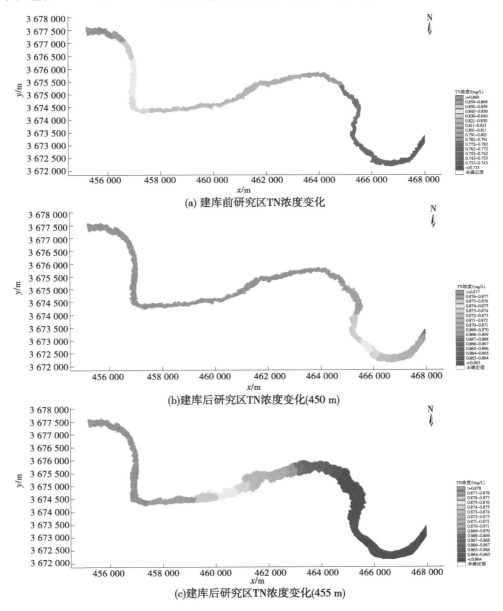

图 4-9　黄金峡水库建库前后 TN 浓度变化特征

由图 4-9 可以发现,建库前河道中污染物 TN 的浓度变化范围主要集中在 0.762~0.840

mg/L;当水库蓄水位为 450 m 时,河道中大部分区域 TN 的浓度变化范围大于 0.876 mg/L;当水库蓄水位为 455 m 时,河道中后半段 TN 浓度的变化范围集中在 0.864~0.875 mg/L。总体来看,建库后的河道各区域中 TN 浓度得到了不同幅度的提升。

4.7.3 TP 浓度变化特征

分析黄金峡水库建库前后对上游河道中污染物 TP 浓度的变化影响,其中建库后的蓄水水位包括 450 m 和 455 m 两个情况,其变化特征如图 4-10 所示。

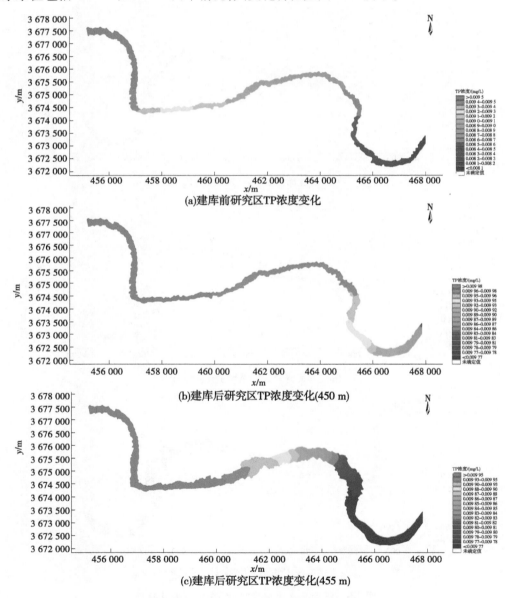

图 4-10   黄金峡水库建库前后 TP 浓度变化特征

由图 4-10 可以发现,建库前河道中污染物 TP 浓度变化范围在 0.008 3~0.009 5 mg/L;而黄金峡水库建成后当水库蓄水位达到 450 m 时,河道中大部分区域 TP 浓度大于 0.009 5 mg/L;当水库蓄水位达到 455 m 时,前半段河道 TP 浓度变化范围集中在大于 0.009 90 mg/L,后半段河道中 TP 浓度变化范围在 0.009 70~0.009 90 mg/L。从总体来看,黄金峡水库在建成运行后,河道中 TP 的浓度得到了不同幅度的提升。

水库蓄水 450 m 时河道中污染物的浓度大于水库蓄水 455 m 时河道中污染物的浓度,原因是河道整体的流速减缓,在低流速状态下,污染物的降解时间和衰减程度增加了。《水域纳污能力计算规程》(GB/T 25173—2010)中对该种情况用公式来表达。公式如下:

$$c_x = c_0 \exp\left(-K\frac{x}{u}\right) \tag{4-13}$$

式中:c_x 为流经 x 距离后的污染物浓度,mg/L;c_0 为污水的入流浓度,mg/L;x 为沿河流段的纵向距离,m;u 为设计流量下河道断面的平均流速,m/s;K 为污染物综合衰减系数,1/s。

河道中污染物浓度变化受多方面因素影响,实际情况比较复杂,要综合考虑污染源的浓度、河底淤泥含量、水体自身净化能力大小等,这里只分析 MIKE 模拟计算后的污染物浓度。总体来看,建库后的河道污染物浓度相较于建库前有了一定程度的提升。

通过对计算区域的水质进行预测分析,根据《地表水环境质量标准》(GB 3838—2002),建库后河道内 COD、TN 浓度达到国家要求的Ⅲ类水质目标要求,TP 浓度达到国家要求的Ⅱ类水质目标要求,区域内整体水质情况良好。在水库建成运行初期出现水体富营养化的可能性不大,但由于部分河道(金水河、酉水河等)、库湾地形复杂、水质较差、水体交换性能较差,加上被淹植物茎叶脱落、死亡等,导致局部地区的污染物浓度超标,污染物长时间滞留,不排除有水体富营养化的可能,这反过来会导致该地区的植被种类减少,加剧水体富营养化程度,最终威胁整个生态系统的安全。而且研究区内朱鹮等鸟类对水质、植被群落密度要求比较高,因此要充分考虑水质变化的影响,深入分析,种植一些净水效果比较好的植被种类,可能将由于黄金峡水库建库对水动力、水质的影响降低,起到保护植被群落、保持物种多样性、维持生态稳定性的作用,同时也为研究区内朱鹮等珍稀鸟类提供一个理想的、不受人为扰动的栖息地。

4.8 小 结

黄金峡水库建成运行后会造成水位抬升、水质指标等因素发生变化,而这些变化会在一定程度上使得研究区内植被群落结构、数量和朱鹮等珍稀鸟类的栖息地受到一定影响,因此有分析水位、流速、水质指标的必要性。使用 MIKE 软件对研究区内的水动力变化特征(流速、水位、淹没面积)及水质变化特征(COD、TN、TP)进行相应的模拟。可以发现:黄金峡水库建库前后,所选计算区域水位抬升明显,且随着水库蓄水位的上升,研究区相应水位呈现更高的趋势,造成的淹没滩地范围呈现愈加扩大的趋势,相较于建库之前,计算区域淹没面积增加了 14.05 km²;而流速随着水位的上升呈现逐渐变缓的趋势,水流能量交换情况变弱,但随着淹没面积的增加,使得原先一些不受水流影响的滩地等区域受到影响,会造成一定程度的水土流失现象,影响原来河道两岸的植被生存环境,一些对水淹敏感的植被甚至出现死亡现象,这会造成植被覆盖率的降低,不利于生态的稳定,对朱鹮等珍稀鸟类栖息地的影响比较大;建库后河道中 3 个水质指标(COD、TP、TN)污染物浓度明显高于建库前河道中的区域,考虑在局部地区河道中可能会出现水体富营养化现象,这会影响植被的生存状况,造成植被死亡,形成恶性循环,造成水质持续恶化。因此,综合考虑可以在两岸受水流影响较大的区域种植一定数量的植被来降低建库后上游河道水位、水质的变化对两岸土壤、植被的影响,并可达到育水保土、减小水体冲刷、提高净水能力的效果,在保证植被群落稳定的前提下,更好地维持研究区生态稳定性、保护朱鹮等珍稀鸟类的栖息地。

5　基于水力学试验研究柔性植物对水流结构的影响

第4章利用 MIKE 软件分析了黄金峡水库在建库前后上游洋县段河道的水动力和水质的变化特征。黄金峡水库建库导致上游洋县段河道中水位、流速周期性变化,使得部分植被长时间处于水淹情况下,甚至导致部分植被出现死亡现象,同时也加剧了水土流失现象;建库后河道中污染物浓度上升,在地形复杂的河道处,较高浓度的污染物加上植被死亡时脱落的茎叶使得该区域污染物浓度进一步上升,出现水体富营养化现象。本章利用一系列植物生理生态监测设备,通过小型试验装置模拟自然状态(将植物从田间或苗圃转移到实验室)下研究区优势植物的抗逆适应性机制;基于在装有力传感器的通道中进行的水力学试验测定植物受到的阻力。试验中采用了水生植物浮叶眼子菜进行试验,旨在了解它们如何影响水流速度、沉积物运动和水中物质的分布。基于植物茎干弯曲试验测定植物的刚度。

5.1　水生植物与河流相互作用的力学机制

根据经典定义,作用在水下植物上的阻力 F_D 是进场流速、植物特征面积和阻力系数的函数。使用静态方法来定义流速和植物面积,可以得到施加在植物上的阻力 F_D:

$$F_D = \frac{1}{2}\rho C_D A_w U_a^2 \tag{5-1}$$

式中:ρ 为水密度;C_D 和 A_w 分别为植物的阻力系数和湿表面积;U_a 为平均接近速度(植物前方)。

流动阻力可以使用 Darcy-Weisbach 摩擦系数(f)来表征。根据 $f=f_b+f_v$,使用线性叠加原理,该因子可以解释为与河床物质相关的流动阻力(f_b)和与施加在植被上的阻力相关的流动阻力 (f_v)。

$$f_v = \frac{8F_D}{\rho U_m^2} \tag{5-2}$$

式中:U_m 为空间平均流速。

5.2　试验设计

5.2.1　水力学试验

从位于黄金峡库区附近的水域中收集了总共 24 个水生植物浮叶眼子菜样本。收集的植物被带回西安理工大学实验室内放置在备好的人工系统中。

对所采集的植物进行水动力试验。试验在西安理工大学实验室的一个长 32 m、宽 0.6 m 的倾斜明渠水槽中进行(见图 5-1)。在水槽中部距离进水口 5～23 m 处,在水槽床上固定了长 3 m 的金字塔形粗糙构件橡胶垫,并安装了人工植被冠层。冠层由相同的柔性叶状成分组成,高度为 15 cm,按交错模式排列,相邻的两个结构之间的距离为 0.2 m。

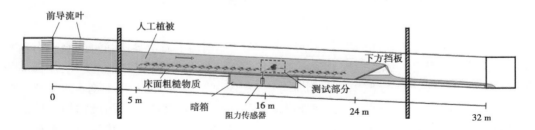

图 5-1　水动力试验用明渠装置及相关仪器的原理

在距离入口 16 m 的地方,移除人工植被元素,创建一个 0.6 m 长的测试区,对可以放置植物的标本进行试验。在表 5-1 中描述的水力条件下,每个系统在两个流动场景下进行了测试。先对低平均流速场景进行测试,再对高平均流速场景进行测试,所有试验在准恒定均匀流条件下进行。即使被测植物的长度大于试验所用的水深(植物长度在 0.3～0.45 m),由于植物的高柔性和水流诱导力,植物总是被完全淹没。

表 5-1　试验水力环境

水力条件	流速/(m³/s)	水深/m	坡度/%	断面平均流速/(m/s)	瞬时速度/(m/s)	水面比降/%	雷诺数	植物雷诺数
最低值	0.018	0.30	0.05	0.10	0.106	0.04	$3×10^4$	$(2.4±0.2)×10^4$
最高值	0.064	0.26	0.36	0.41	0.393	0.33	$1.06×10^5$	$(9.0±0.9)×10^4$

水力条件设定后,在水槽底部横截面的中心和上游的边缘测试部分安装一个阻力传感器(DFS)(见图 5-1)。DFS 基于两个完整配置的惠斯通桥,每个惠斯通桥由两个应变片组成;利用标定力和传感器的几何特性将应变数据转换为曳力。在水槽玻璃墙一侧安装了数码相机,用于记录试验过程中的系统重构。

5.2.2　植物生物力学与形态特征

完成植物的水动力试验后,对植物的生物力学与形态特征进行研究,从每一株植株中分别制备两份茎干样品:一份从植株底部取出,另一份从植株顶部取出。用直尺(±1 mm)和千分尺(±0.01 mm)测量茎干的长度和平均直径。在测试开始时,将茎干样品放置在仪器上,使其中心对准距离测量规。然后,使用一个已知重量的物体加载到样品中心,每个重量的样品垂直位移(Δ)与所施加的力(W)是用测量仪测量的。每个样品加载 4 个不同的重量,从而可以估算出力-位移曲线的斜率(W/Δ),并据此估算出抗弯刚度(E_bI):

$$E_b I = \frac{s^3}{48}\frac{W}{\Delta} \tag{5-3}$$

式中:s 为样本长度。

基于视觉来观察茎,茎的截面惯性矩(I)的计算考虑了一个圆形截面底部部分和一个半圆形截面的轴通过质心顶部部分。在三点弯曲试验之前,样品保存在水中,并在试验期间保持湿润,使其进行的抗弯刚度试验不受空气的影响。

5.2.3　数据分析

利用 MATLAB 程序对录制的视频进行分析,提取每帧植物生物质量的垂直分布和植物偏转高度。基于式(5-1)计算阻力系数(C_D)。

所有数据后处理和统计分析均采用 MATLAB,所有分析设置显著性为 $\alpha = 0.05$。对于所有有关参数(如 $E_b I$ 和 C_D),分别使用 Kolmogorov-Smirnov 和 Brown-Forsythe 检验评估正态和同方差。

5.3　试验结果分析

5.3.1　植物水动力学

利用植物偏转高度(h_d/l)、植物质心高度(h_c/l)和阻力系数(C_D)来评价植物试样的水动力性能。在调查的两种流动情景中,植物偏转高度的变化范围为 0.48 ~ 0.77 和 0.19 ~ 0.47[见图 5-2(a)和图 5-2(d)],而 h_c/l 的变化范围分别为 0.28 ~ 0.47 和 0.07 ~ 0.26[见图 5-2(b)和图 5-2(e)]。在低流量和高流量场景下,阻力系数分别在 0.06 ~ 0.13 和 0.016 ~ 0.033 变化[见图 5-2(c)和图 5-2(f)]。

5.3.2　植物胁迫与单株植物水动力学的联系

通过绘制阻力系数(C_D)与植物雷诺数(Re_A)之间的关系响应(见图 5-3),研究了植物胁迫与单株植物水动力学之间的潜在联系。由此得到的关系很好地描述了数据中的方差($R^2 = 0.94$),并具有很强的显著性。

植物在实验室环境中受到胁迫是很常见的,植物胁迫越高则植物茎越柔韧,由此假设,即使是短期不适当的植物管理也可能潜在地影响流体力学试验的结果。结果表明,压力越大的植物,受到的阻力越小。试验前植物培养的时间和性质会影响植物的生物力学,当考虑到大的时间尺度(几个月、几年)时,这更为明显,这种情况与液压相关。

不同的培养条件和时间可能与本书所考虑组的平均阻力系数约 30% 的变化有关。为了说明这种影响,将其与早期实验室对柔性水生植物研究中发现的植物物种引起的阻力变化进行比较。由于植物对环境压力的生物力学反应会在几天内表现出来,如果植物在采集后不久用于水槽试验,预计它们的表现将接近于在采集点的表现,尽管暂时压力的潜在影响仍然未知。相反,当植物在新的条件下暴露几天后用于试验时,水槽试验的结果会受到植物适应性的影响。

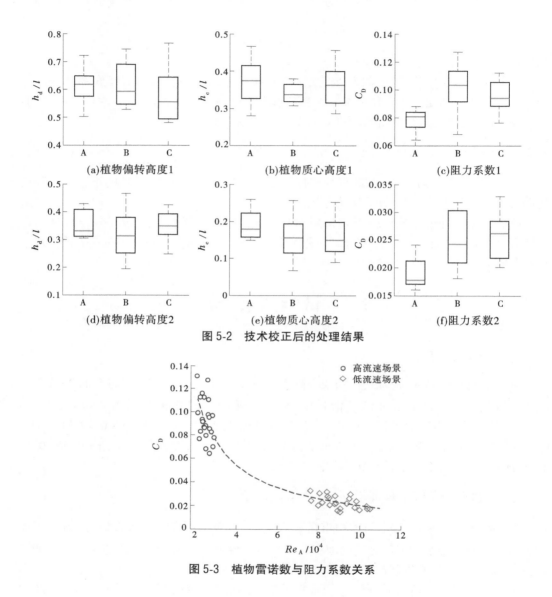

图 5-2　技术校正后的处理结果

图 5-3　植物雷诺数与阻力系数关系

5.4　小　结

本章基于对一种柔性水生植物浮叶眼子菜进行的实验室试验,评估了水力试验典型培养条件对以下方面的影响:植物生物力学、形态特征和植物的水动力性能。结果表明,植物的存活条件对植物胁迫和水动力学有显著影响。对植物造成最高压力的表现也与最佳的流体力学性能(最低的阻力系数)相关,表明植物压力和流体力学之间存在潜在的联系,压力最大的植物的平均阻力系数比健康植物的低约 30%,这种影响与先前研究的柔性水生植物之间的拖曳力差异相当。

6 基于水工试验探究挺水植物 对水流结构的影响

河道中的水流和植被群落是相互作用的,植被群落作为河流生态系统的重要组成部分,它的存在使得水流阻力增大、流速降低,起到了良好的固土净水作用。但是,植被种类、数量以及植被本身的性状、高度和分布方式的改变,相应水流结构和净水能力都将不同,且大面积的湿地植被群落的存在对河道泄洪造成一定的影响,现如今保证河道泄洪能力的工程技术(铺设混凝土底坡、转移植被)在一定程度上不但破坏了水生生态系统的多样性,还削弱了河流内部、河流与陆地之间的物质和能量循环以及水体自净能力。因此,研究植被群落对河道水流结构和净水能力的影响,具有重要的意义,该研究将有助于河流在保证其基本生态功能的前提下,兼顾防洪、灌溉、航运等各方面的需要。而植被之中,挺水植物与水流之间的关系最为密切,且缓流和净水效果最为突出,常常作为湿地植被修复的首选材料。本章选择芦苇作为研究区优势挺水植物物种,基于室内水工试验得到了不同植株密度的缓流效果,为黄金峡湿地修复提供参考。

6.1 生态水力学机制方程的确立及理论分析

研究植被群落和水流结构之间的关系,参考近些年有关植被群落和水流机制研究的文献,在理论上确定了描述植被群落结构和水流相互作用力的生态水力学机制方程(张建 等,2015)。

$$v = \frac{1}{\sqrt{\lambda D \cdot \theta}} \cdot R^{\frac{2}{3}} \cdot J^{\frac{1}{2}} \tag{6-1}$$

式中:λ 为非淹没挺水植株密度,株/m²;D 为单株挺水植物的迎水面积,m²;J 为水力坡度;R 为水力半径,m;θ 为其他因素对水流的阻力;v 为植被群落内部的流速,m/s。

从式(6-1)中可以看出,当水力坡度、水力半径和河道中水流阻力在确定的情况下,此时水体流速只和非淹没挺水植株的密度和植被的迎水面积有关。在非淹没情况下,水生植物群落的结构、地表径流的速度、地表面坡度和粗糙状况之间存在相互影响和相互作用的关系。

基于该水力学方程,选择不同的变量设计室内水工试验,并根据植被群落的不同密度,选择一个缓流效果较好的植被群落密度,将室内试验结果和实际测量结果进行比对分析,看是否符合实际情况。

6.2 室内试验设置

6.2.1 试验设置和方法

试验装置设在西安理工大学水力学大厅水槽试验平台,借助室内河道模型,水流试验在长 16 m、宽 1.2 m 的水渠模型中进行,渠底坡度为 6‰,可通过调控系统进行调控。边壁、渠底均为透明厚玻璃板。水流经离心水泵抽水、水压塔调压、实验室电脑控制供水系统供出,设矩形薄壁堰测量流量,进入静水池,然后通过矩形堰流入消能池,消能池尾端设有消力栅,主要作用是用来消能使得水流稳定。水流经过消能池后水流流速变得平缓。试验系统如图 6-1 所示。

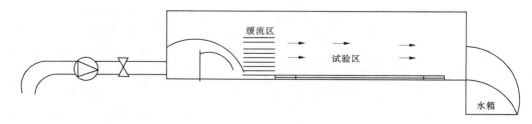

图 6-1 试验系统

该试验回路的主要设备有水箱、离心水泵、变频器、电源控制柜、电磁流量计等。试验时,水从水箱中流出,通过水泵加压,流经主路阀门节流(维持系统稳定),然后流经流量计后,经过变坡水槽、尾水门到水箱。试验平台主要实现三个功能:提供恒定及按规律变化的流量、实现渠道水流不同的水位、监控并采集试验参数。

本试验采用变频泵实现试验段水槽流量变化。采用紧凑式结构的不锈钢离心变频泵,该泵的流量和扬程范围宽、流量均匀、流量脉动小且运转平稳,可以保证流量在一定范围内方便可控,其具有良好的动态特性。试验流速、水深可用尾门进行自动调节。

水流流速测量:本试验采用从英国 Valeport 公司引进的 Model 801 电磁流速仪(简称流速仪)测量流速,流速仪和一滑动螺杆固定安置在一定做的长铁架上,放置于平台两边,铁架可以左右移动,而固定在铁架上的流速仪可以经过滑动螺杆调节垂直上下移动,使得流速仪探头可以测量水槽的各个断面。Model 801 电磁流速仪及其参数如图 6-2、表 6-1 所示。

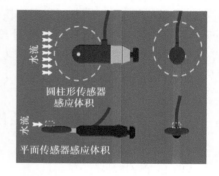

图 6-2 Model 801 电磁流速仪

表 6-1　Model 801 电磁流速仪参数

流速测量范围	流速测量精度	流速显示精度	最小应用水深	流速采样区域
±5 m/s	0.005 m/s	1 mm	5 cm	圆柱体 2 cm×1 cm
流速采用速率	流速平均时间	数据记录容量	标配电缆长度	标配刻度杆长
1 次/s	1~600 s	999 个平均流速数据	3 m	1.5 m(三节总长)

水流水位测量:由于考虑到平台两边是透明的玻璃板,可以较为方便地观察水位的变化情况,所以水深可以用精确到毫米的长刻度尺测量。

6.2.2　试验材料及扦插方式

考虑到黄金峡实地情况,芦苇作为主要的优势物种广泛存在于研究区,起到较好地缓冲水流、净化水质的作用。试验选取和芦苇有相似特征的圆木棒作为试验材料。考虑到实际情况中植物排列方式并无规律,故模拟芦苇植株的圆木棒采用均匀交错排列方式,如图 6-3 所示。为了利于将圆木棒固定在渠底。试验段渠底用强力胶固定了三块硬塑料板,其上布满孔径为 0.01 m、孔间距为 0.03 m 的小孔。圆木棒通过插入圆孔可牢牢固定在渠底。植株数量密度可通过调整圆木棒的数量来做出调整。试验材料及试验如图 6-4、图 6-5 所示。

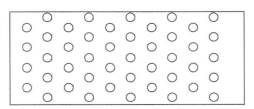

图 6-3　植被交错布置结构

图 6-4　试验材料

图 6-5　试验

6.2.3　测量断面的布置和试验数据的处理

(1)顺水流方向。从 7~13 m 处沿程分别对横断面 1、横断面 2、横断面 3、横断面 4、横断面 5 进行测量,代表水流进入植被群落段前、刚刚进入植被群落时、植被群落中间、即将出植被群落、出植被群落段后 5 个断面。每个断面间隔 1.5 m。

（2）横向方向。在距离边壁 0 m、0.3 m、0.6 m、0.9 m、1.2 m 共布设 5 个断面,分别代表无植被边壁处、无植被中线处、主河槽中线处、植株种群中线处、植株种群边壁处 5 个断面。

（3）垂直方向。从水槽底部每隔 2 cm 布设一测量点,共 8 个测量点。

所有数据均在水流达到稳定后进行测量,在每一个测点测量两次,每一次测量为 20 个值,取两次测量的平均值记录每种条件下的数据。

对每一个测点,为了减小误差,需要手动剔除流速数据中的异常值,对剔除完后的空白数据进行补测。将统计分析剔除完异常数据的流速平均值做处理后作为后续计算分析的时均流速。试验断面布置如图 6-6 所示。

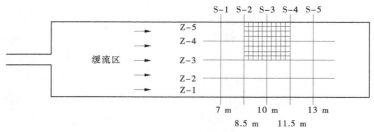

图 6-6 试验断面布置

6.2.4 试验工况

野外调查测得黄金峡库区上游河道中靠近两岸的水流流速在 0.3~0.4 m/s,根据实验室具体情况,发现当由电脑端控制系统的出水流量为 50 L/s 和 60 L/s 时,流速在 0.3~0.4 m/s,故选取流量 50 L/s 和 60 L/s 两种不同的流量梯度,由玻璃槽尾部的自动控制闸门进行控制,以减小测量误差。根据现有试验系统,当流量处于 50 L/s、60 L/s 两种流量梯度情况时,设计种群植株密度为 0 株/m²、54 株/m²、108 株/m²、202 株/m²(王中玉,2011;静宇,2010)。具体试验工况如表 6-2 所示。

表 6-2 试验工况

试验组次	1	2	3	4	5	6	7	8
密度/(株/m²)	0	0	54	54	108	108	202	202
流量/(L/s)	50	60	50	60	50	60	50	60

6.3 室内试验结果分析

6.3.1 水位变化分析

沿水槽断面从 6 m 起始至 13 m,每隔 0.5 m 对 15 个水深测量断面的平均值进行测量,分别分析植被群落不同密度条件下的水位变化情况,如图 6-7 所示。

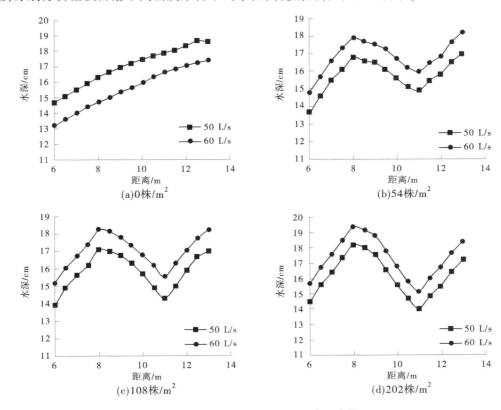

图 6-7 不同植株密度下沿程水位变化

分析结果可知:当河道中不存在植被时,沿程水位变化呈现逐渐增加的趋势,此时水位变化符合水力学中 M1 型渐变流的定义。当河道中存在植被时,不同植株密度下沿程水位变化呈现相似的变化特征,由于受到植被群落阻力的作用使得水位变化在进入植被群落前呈现逐渐增加的趋势,而在进入植被群落时随着植被群落阻力的减小水位变化呈现逐渐下降的趋势,在出植被群落时,水位又呈现增加的趋势,且随着河道中植被密度的增加,水位最高点和最低点之间的差距也在逐渐增大。

6.3.2 横向流速分布

分析各个横断面处流速的分布情况,对 5 个横断面处每一个测点上的流速值进行分析。

6.3.2.1 0 株/m²

分别分析当流量分别为 50 L/s 和 60 L/s 时的流速变化情况。因为断面是对称布置的,故纵断面 4 对称纵断面 2,纵断面 5 对称纵断面 1,所以在实际测量中,只测量了纵断面 1、纵断面 2、纵断面 3 的流速数据。50 L/s 和 60 L/s 下横断面流速变化情况分别如图 6-8、图 6-9 所示。

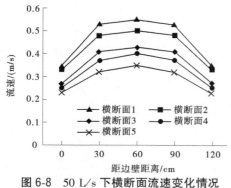

图 6-8　50 L/s 下横断面流速变化情况

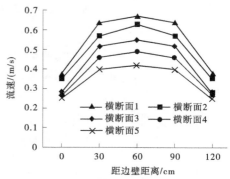

图 6-9　60 L/s 下横断面流速变化情况

在流量为 50 L/s 情况下,由于受到了边壁阻力的阻碍,故边壁处流速较低,越靠近水槽中心处受到的边壁阻力越小,故流速呈现逐渐增大的趋势,在水槽中线处流速达到最大值。当流量为 50 L/s 时,横断面 1 处流速最大,其流速平均值为 0.5 m/s;横断面 5 处流速最小,其流速平均值为 0.34 m/s,变化幅度取横断面的最大流速与最小流速之差,为 0.16。当流量为 60 L/s 时,横断面 1 处流速最大,其流速平均值为 0.52 m/s;横断面 5 处流速最小,其流速平均值为 0.35 m/s,变化幅度为 0.17。随着流量的增加,流速也随之增加,流速的变化幅度也随之增加。由于受到了沿程阻力和边壁阻力的影响,从横断面 1 到横断面 5 流速呈现逐渐下降的趋势。

6.3.2.2　54 株/m²

在流量为 50 L/s、60 L/s 两种情况下,计算分析各断面测点的平均流速,如图 6-10、图 6-11 所示。

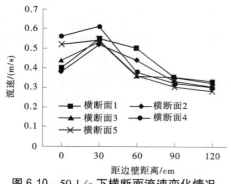

图 6-10　50 L/s 下横断面流速变化情况

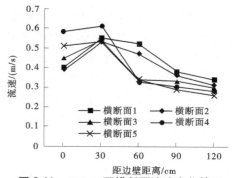

图 6-11　60 L/s 下横断面流速变化情况

由图 6-10、图 6-11 可知,当植株密度为 54 株/m² 时,两种流量下各个横断面的流速横向分布规律大体一致。从无植被边壁处到无植被中线处流速逐渐增大,然后受到植被群落阻力的影响逐渐减小,在植被群落内流速变化不大,植被边壁处流速略小于植被中线处流速。横断面 3、横断面 4、横断面 5 由于受到较大的植被群落阻力影响,流速变化幅度相较于横断面 1、横断面 2 较大。从整体的流速变化幅度来看,在 50 L/s 情况下,所有横断面的平均流速的变化幅度为 0.07;在 60 L/s 情况下,所有横断面的平均流速的变化幅度为 0.04。该植被密度下,随着流量的增加,流速变化幅度呈现减小的趋势。

6.3.2.3　108 株/m²

在流量为 40 L/s、50 L/s 两种情况下,计算分析各断面测点的平均流速,如图 6-12、图 6-13 所示。

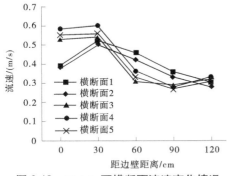 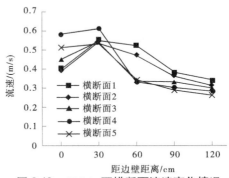

图 6-12　50 L/s 下横断面流速变化情况　　图 6-13　60 L/s 下横断面流速变化情况

由图 6-12、图 6-13 可知,在植被密度为 108 株/m² 的情况下,两种流量下的流速变化规律大致相似。从无植被边壁处到无植被中线处流速逐渐增大,然后受到植被群落阻力的影响逐渐减小,在植被群落内流速变化不大,但此时由于受到较多植被群落阻力的影响,植被边壁处流速略大于植株中线处流速。从流速变化幅度来看,随着受到更多植被群落阻力的影响,50 L/s 情况下,所有横断面的平均流速的变化幅度为 0.04。在 60 L/s 情况下,所有横断面的平均流速的变化幅度为 0.03。随着流量的增加,该密度下的植株对水流流速变化幅度影响接近。

6.3.2.4　202 株/m²

在流量为 50 L/s、60 L/s 两种情况下,计算分析各断面测点的平均流速,如图 6-14、图 6-15 所示。

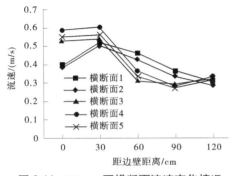 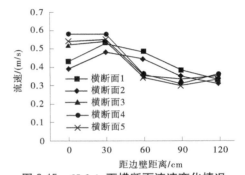

图 6-14　50 L/s 下横断面流速变化情况　　图 6-15　60 L/s 下横断面流速变化情况

由图 6-14、图 6-15 可知,在植株密度为 202 株/m² 的情况下,两种流量下的流速分布规律大致相似,局部存在差异。从无植株边壁处到无植株中线处流速逐渐增大,然后受到植被群落阻力的影响逐渐减小,在植被群落内流速变化不大,但此时由于受到更多植被阻力的影响,使得植株边壁处流速大于植被中线处流速,相较于 108 株/m²,变化幅度更为剧烈。从流速数据变化幅度来看,当流量处于 50 L/s 情况下,所有横断面的平均流速的变化幅度为 0.06。当流量处于 60 L/s 情况下,所有横断面的平均流速的变化幅度为 0.08。此时随着流量的增加,流速变化幅度反而呈现增加的趋势,说明该密度下,对水流的缓流效果没有前两种情况好且植被群落内部流速变化幅度更为剧烈。

6.3.3 纵向流速分布

分析纵断面 1、纵断面 2、纵断面 3、纵断面 4、纵断面 5 共 5 处流速的变化情况,对 5 个纵断面处每一个点上的流速值进行统计及分析。

6.3.3.1　0 株/m²

分别计算由尾部闸门控制的流量分别为 50 L/s、60 L/s 下的平均流速。因为断面是对称布置的,故纵断面 4 对称纵断面 2,纵断面 5 对称纵断面 1。所以,在实际测量中,只测量了纵断面 1、纵断面 2、纵断面 3 的流速数据,作出流速分布图,如图 6-16、图 6-17 所示。

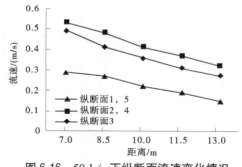

图 6-16　50 L/s 下纵断面流速变化情况

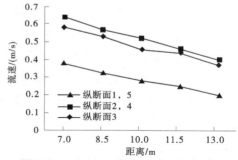

图 6-17　60 L/s 下纵断面流速变化情况

由图 6-16、图 6-17 可知,两种流量情况下,各个纵断面平均流速呈现逐渐平缓且减小的趋势。纵断面 1(5)处由于存在边壁阻力,流速低于其他纵断面。纵断面 3 处流速大于其他纵断面,且纵断面 2、纵断面 3、纵断面 4 之间流速变化幅度差距较小。流量为 50 L/s 时,纵断面 1(5)与纵断面 3 的流速变化幅度为 0.24,纵断面 2(4)与纵断面 3 的流速变化幅度为 0.03。流量为 60 L/s 时,纵断面 2(4)与纵断面 3 的流速变化幅度为 0.04,纵断面 1(5)与纵断面 3 的流速变化幅度为 0.28。

6.3.3.2　54 株/m²

分别绘制流量为 50 L/s 和 60 L/s 情况下各个纵断面流速的变化情况,如图 6-18、图 6-19 所示。

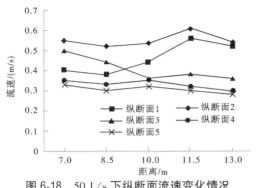

图 6-18　50 L/s 下纵断面流速变化情况

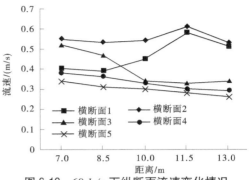

图 6-19　60 L/s 下纵断面流速变化情况

由图 6-18、图 6-19 可知,相较于无植株时,54 株/m² 各个纵断面流速分布规律变化较大,但两种流量情况下整体规律类似。从整体来看,纵断面 3、纵断面 4、纵断面 5 由于受到植被群落阻力的影响,流速变化呈现下降或者略微上升的趋势;同时,纵断面 1、纵断面 2 在进入植被群落后,流速明显大于纵断面 3、纵断面 4、纵断面 5,这说明纵断面 3、纵断面 4、纵断面 5 受到植被阻力的影响。当流量为 50 L/s 时,有植被群落纵断面内流速变化幅度为 0.1,无植被群落纵断面内流速变化幅度为 0.14。当流量为 60 L/s 时,有植被群落纵断面内流速变化幅度为 0.1,无植被群落纵断面内流速变化幅度为 0.15。

6.3.3.3　108 株/m²

分别绘制流量为 50 L/s 和 60 L/s 情况下各个纵断面流速的变化情况,如图 6-20、图 6-21 所示。

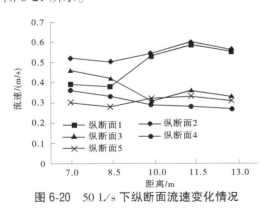

图 6-20　50 L/s 下纵断面流速变化情况

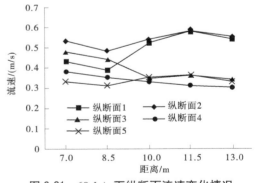

图 6-21　60 L/s 下纵断面流速变化情况

由图 6-20、图 6-21 可知,相较于 54 株/m²,流速分布规律相似但变化幅度逐渐增大。纵断面 3、纵断面 4 呈现下降的趋势,纵断面 5 先下降,在进入植被群落后先上升后继续下降,纵断面 1、纵断面 2 有逐渐上升的趋势。在进入植被群落后,纵断面 3、纵断面 4、纵断面 5 的流速小于纵断面 1、纵断面 2 的流速,而且这中间的流速幅度变化差相较于 54 株/m² 有扩大的趋势,说明此时受到了更多的植被阻力。纵断面 5 在进入植被群落后流速高于纵断面 4,说明此时有植株边壁处的植被阻力已经超过了边壁阻力。当流量为 50

L/s 时,有植被群落纵断面内流速变化幅度为 0.06,无植被群落纵断面内流速变化幅度为 0.17。当流量为 60 L/s 时,有植被群落纵断面内流速变化幅度为 0.06,无植被群落纵断面内流速变化幅度为 0.14。

6.3.3.4   202 株/m²

分别绘制流量为 50 L/s 和 60 L/s 情况下各个纵断面流速的变化情况,如图 6-22、图 6-23 所示。

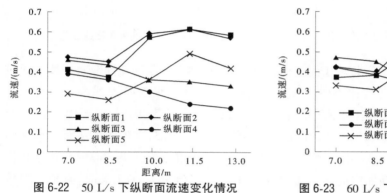

图 6-22   50 L/s 下纵断面流速变化情况   图 6-23   60 L/s 下纵断面流速变化情况

由图 6-22、图 6-23 可知,各纵断面流速变化幅度进一步扩大,尽管个别断面有差异但整体情况类似。纵断面 3、纵断面 4 呈现下降的趋势,纵断面 5 先下降,在进入植被群落后先上升后继续下降,纵断面 1、纵断面 2 有逐渐上升的趋势。在进入植被群落后,纵断面 3、纵断面 4、纵断面 5 的流速小于纵断面 1、纵断面 2 的流速。此时植被群落内各纵断面流速变化幅度相较于 108 株/m² 呈现扩大的趋势且无植被群落纵断面 1、纵断面 2 流速变化幅度也更为剧烈。植被群落边壁处纵断面 5 在进入植被群落后流速高于纵断面 3、纵断面 4,说明此时受到的植被阻力远远大于边壁阻力。当流量为 50 L/s 时,有植被群落纵断面内流速变化幅度为 0.08,无植被群落纵断面内流速变化幅度为 0.17。当流量为 60 L/s 时,有植被群落纵断面内流速变化幅度为 0.05,无植被群落纵断面内流速变化幅度为 0.14。

6.3.4   垂向流速分布

考虑水流流速的稳定情况,结果能很好地反映垂向流速的变化情况,故选取纵断面 2、纵断面 4 分别代表无植被群落区域、有植被群落区域。分析在植株密度为 54 株/m²、128 株/m²、202 株/m² 时的垂向流速情况。

6.3.4.1   54 株/m²

分别在 50 L/s、60 L/s 两种流量情况下,在从渠底到水面间距 2 cm 垂直 8 个测点上,分析其流速平均值,结果如图 6-24、图 6-25 所示。

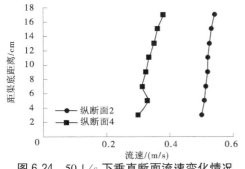

图 6-24　50 L/s 下垂直断面流速变化情况

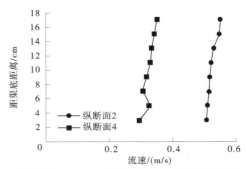

图 6-25　60 L/s 下垂直断面流速变化情况

结果表明:对于无植被群落断面处,水流流速从渠底到水面逐渐增加,波动性较弱,近似为一条直线;而对于有植被群落断面处,水流流速变化波动性较强,流速从渠底到水面呈现"S"形曲折上升的趋势。分析原因,水流流速受到植株自身结构和群落密度共同影响产生阻力导致水流流速出现近"S"形分布。两种流量情况下,在有植株处各测点流速均小于无植株处测点的流速。

6.3.4.2　108 株/m²

分别在 50 L/s、60 L/s 两种流量梯情况下,计算分析其流速变化,结果如图 6-26、图 6-27 所示。

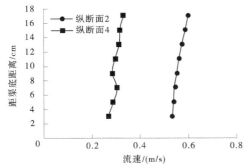

图 6-26　50 L/s 下垂直断面流速变化情况

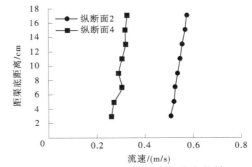

图 6-27　60 L/s 下垂直断面流速变化情况

结果表明,对于无植被群落断面处,水流流速从渠底到水面呈现一种近似线性增加的趋势,此时水流流速波动性较弱;而对于有植被群落断面处,水流流速呈现"S"形曲折上升的趋势,且此时波动性与 54 株/m² 相较更剧烈。分析原因,此时随着植株密度的增加,水流受到的植株阻力更大,导致出现"S"形的流速分布。两种流量情况下,有植株处各测点流速均小于无植株处测点的流速。

6.3.4.3　202 株/m²

分别在 50 L/s、60 L/s 两种流量情况下,计算分析其流速变化,结果如图 6-28、图 6-29 所示。

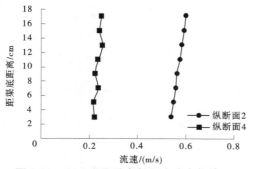

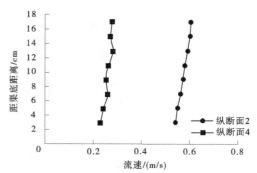

图 6-28　50 L/s 下垂直断面流速变化情况　　　　图 6-29　60 L/s 下垂直断面流速变化情况

结果表明,对于无植被群落断面处,水流流速波动性较弱,从渠底到水面近似为一条平滑的曲线,呈现逐渐增加的趋势。而对于有植被群落断面处,水流流速波动性很强,相较于前两种情况,流速分布呈现不规则的"S"形曲折上升的趋势。分析原因,此时植株密度进一步增大,水流受到很大的植株阻力影响,使得渠底处流速发生变化,流速变化进一步呈现复杂的趋势。两种流量情况下,有植株处各测点流速均小于无植株处测点的流速。

6.4　研究区实地测量结果分析

对黄金峡上游挺水植物群落处的流速实际变化情况进行测量、分析,以验证室内水工模型试验结果是否符合规律。

在研究区存在的挺水植物植被群落内做了顺水流方向和垂直于水流方向的流速测量。顺水流方向流速变化中,前 3 m 是无芦苇植被群落处,4~7 m 处存在芦苇植被群落,间隔 2 m 选取 4 处不同的纵断面分析其流速变化情况;水流垂直方向流速变化中,从河底部至水面布设 8 个测点,选取 4 处不同的地方测量流速变化,结果如图 6-30、图 6-31 所示。

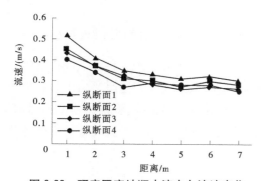

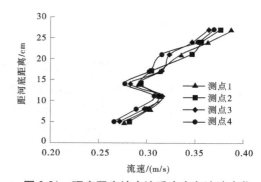

图 6-30　研究区实地顺水流方向流速变化　　　　图 6-31　研究区实地水流垂直方向流速变化

由图 6-30、图 6-31 可以看出,在顺水流流速变化中,水流进入芦苇植被群落前,流速变化幅度较大,而在进入植被群落以后,水流流速变化幅度不大,流速呈现减小的趋势,这证明了挺水植物群落确实存在较好的缓流作用(和室内试验结果相似),有效控制了植被区发生水流冲蚀的可能性,进而使得河道两岸生态系统能够稳定可持续。而垂向流速分布与室内水力学试验的结果相符合,垂直方向上,水流流速呈现"S"形断面分布,但因实际情况存在河底阻力、水流内部情况较为复杂等使得波动性较为剧烈,但总体来看,水流流速变化情况较为符合。

6.5 小 结

本章以水工试验研究了不同植株密度下挺水植物的缓流效果。基于水工试验,首先研究了植被群落结构和水流结构之间的关系,确立植被群落结构和水流相互作用力的生态水力学机制方程,理论分析了影响水流结构的相关因素,根据其分析结果设计相应的水工试验,借助大学试验平台,模拟了不同密度的植被群落对河道水流流速的影响。根据试验结果,选择缓流效果较好的植被种群密度。主要结论如下。

(1)不同植株密度条件下的沿程水位变化:当植株密度为0株/m² 时,沿程的水位变化呈现逐渐增加的趋势,此时的水位变化曲线在水力学中称为 M1 形曲线。当植株密度为54 株/m²、108 株/m²、202 株/m² 时,由于存在植被阻力,使得植被群落段前的水位壅高,而在进入植被群落时,由于植株阻力面积的减小,导致植株阻力减小,水位也逐渐降低。出植被群落后,沿程水位继续增加。随着植株密度的增加,其水位波动的幅度进一步增加。

(2)4 种植株密度下各个横断面流速分布:当植株密度为0株/m² 时,边壁处流速较慢,随后逐渐增大,在河道中线处流速达到最大值,随着输入流量的增加,水流流速变化幅度增加。当植株密度为54 株/m²、108 株/m² 时,无植株边壁处由于受到边壁阻力,流速比无植株中线处小,在无植株中线处流速达到最大值,但进入植被群落后,由于植被的阻力作用,该区域的流速变化很小。且随着流量的增加,流速变化幅度减小。尤其是植株密度为108 株/m² 时,两种流量情况下流速变化幅度接近一致。但当植株密度为202 株/m² 时,流速变化幅度却随着输入流量的增大而增大。所以,当植株密度为108 株/m² 时的植株缓流效果最好。

(3)4 种植株密度下各个纵断面流速分布:当植株密度为0株/m² 时,各个纵断面流速受沿程阻力和边壁阻力的影响,呈现逐渐减小且趋势越来越趋于平缓。植株密度为54株/m²、108 株/m²、202 株/m² 时,各个纵断面呈现相似的流速变化规律,纵断面3、纵断面4、纵断面5 呈现逐渐减小或变化不大的趋势;而纵断面1、纵断面2 出现逐渐上升的趋势。3 种植株密度下,无植株纵断面处流速变化幅度不大,但有植被群落的纵断面处流速变化不同,其中当植株密度为108 株/m² 时,流速变化幅度较小且植被群落内部流速变化较为稳定,此时的缓流效果最好。

(4)3 种植株密度下各个测点垂向流速分布:3 种植株密度下各个测点的垂向流速分布规律相似。无植被群落处从渠底到水面处流速分布呈现近似一条直线逐渐上升的趋势;而有植被群落处从渠底至水面呈现"S"形曲线分布,且随着植株密度的增加,波动性越来越剧烈,有植株处各测点的流速均小于无植株处的流速。

（5）比较不同密度下顺水流方向、横向、垂向流速变化,发现植株密度为 108 株/m² 时对水流的缓流效果较为理想。此时横向流速分布中随流量增加但流速变化幅度比较稳定,顺水流方向流速变化幅度与植株密度为 202/m² 时的流速变化幅度接近。但从缓流效果和实际环境综合考虑,过多的植株密度反而会影响河道中的泄洪能力,故选择植株密度为 108 株/m² 作为理想植株密度,可以将其应用于黄金峡水库上游两岸的植被修复设计方案中,该密度下的植被群落修复也被应用于一般湖泊(南四湖)生态修复中。

（6）对黄金峡上游挺水植物群落处的流速实际变化情况进行测量、分析,用来验证室内水工模型试验结果是否符合规律。结果表明,挺水植物群落确实存在较好的缓流作用,和室内试验结果相似,有效地控制了植被区发生水流冲蚀的可能性,进而使得河道两岸生态系统能够稳定可持续。垂直方向上,水流流速呈现"S"形断面分布,但因实际情况存在河底阻力,水流内部情况较为复杂使得波动性较为剧烈,但总体来看,水流流速变化情况较为符合。

7 构建植被群落修复设计方案

　　河道空间中群落生境的构建具有净化河水水质、保护生物多样性以及河道流场改变等方面的功能机制,符合河道生态水力学原理,具有净化水质、保护生物多样性和景观美学价值,能为河床基底微生物、挺水植物、沉水植物以及鱼蚌等河流水生物提供适合的生境,提高河道的水体自净能力,改善河流水质。同时,河道两岸的湿地具有涵养水体、净化水质、维持物种多样性、维护生态环境平衡等多项功能。因此,对受人为扰动的河道群落生境以及湿地修复是一项重要的工作。针对目前黄金峡库区及上游河道两岸湿地中植被面临的问题和建库后由于水位、水质等因素变化带来的影响,除了考虑挺水植物自身的净水、群落结构的缓流作用,还需要考虑周边陆生植被群落的相互配合,发挥优势效应互补,达到植被的景观效应和生态效应的共赢。根据黄金峡库区湿地植被群落存在的问题及挺水植物与水流关系试验结果,归纳出植被群落的空间配置方法、不同类型驳岸设计、针对不同区域的不同植被修复设计以及不同时期植被群落的管理方案 4 部分内容。

　　2020 年 11 月 15 日在 Web of Science 核心合集中以检索式(标题= water level fluctuating zone OR riparian zone OR littoral zone OR water level)共检索到 8 876 篇文献,通过文献计量的方式对这些文献进行知识图谱构建和可视化分析,得到如下结果(见图 7-1~图 7-6),中国和美国是消落带研究的主要力量,水库消落带的变化机制受到广泛关注,水库消落带植被抗逆演替及格局动态、消落带物质循环的生物地球化学过程、消落带土壤(沉积物)的环境微生物作用、消落带生态格局与水库水质动态的互馈影响关系等问题成为研究前沿。未来在水库消落带植被抗逆演替、干湿交替环境物质循环的微生物作用、消落带生态系统自组织完善、消落带与流域生态格局演化的协同发展等方面的理论研究还有待加强。

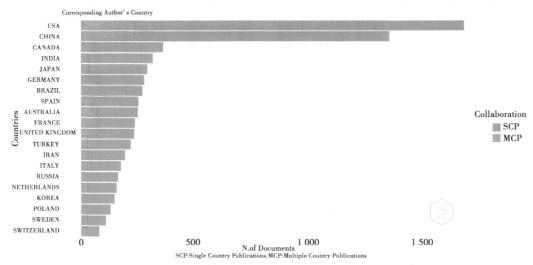

图 7-1　国际消落带研究发文量前 20 位国家及科研合作情况

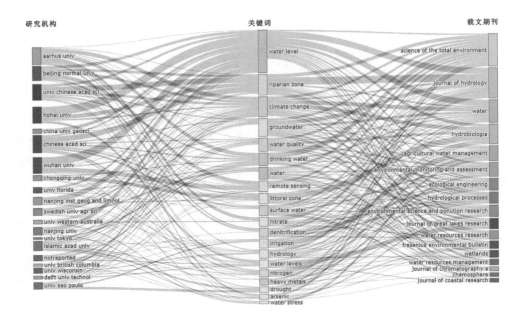

图 7-2　国际消落带研究发文量前 20 位研究机构、关键词和载文期刊

图 7-3　国际消落带研究词频前 50 位关键词

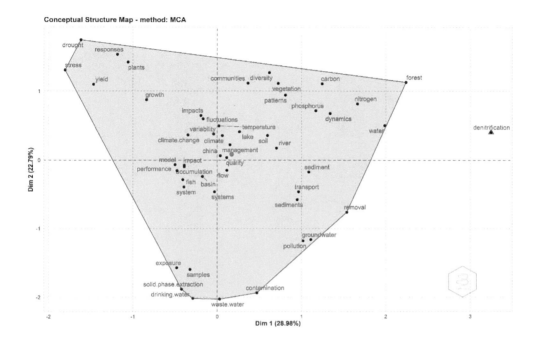

图 7-4　国际消落带研究词频前 50 位关键词分布

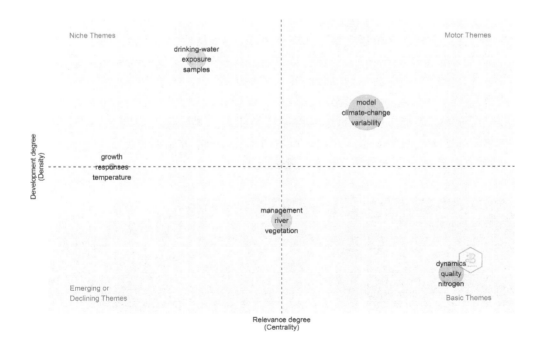

图 7-5　国际消落带研究热点分异

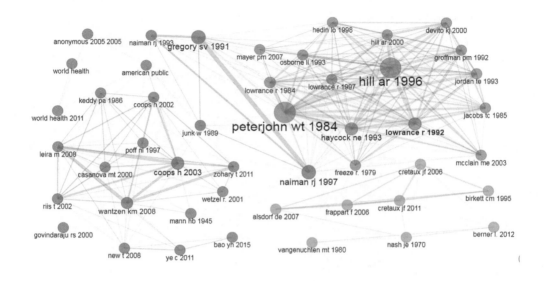

图 7-6 国际消落带研究关键参考文献及其共被引网络

7.1 黄金峡现有植被群落存在的问题

课题组在黄金峡库区附近实地走访调查发现,由于修建黄金峡水利枢纽等人为因素影响,使得当地植被群落出现如下问题:①植被群落种类单一,优势物种不明显;②草本植物数量多,但种类单一,分布不均,灌木、乔木种类和数量较少,在黄金峡河道未见明显的沉水植物;③黄金峡库区由于工程建造,两岸为硬质化驳岸,无植被存在;④因修建水库,使得部分河道面临断流影响,严重影响两岸植被生存。具体情况如图 7-7~图 7-9 所示。目前存在的问题加之黄金峡水库建成运行后由水位、流速、水质带来的变化会进一步破坏植被种群结构,破坏当地物种多样性和生态稳定性。

(a)草本丛(1)　　　　　　　(b)草本丛(2)　　　　　　　(c)乔木丛

图 7-7 黄金峡湿地植被调查图

图7-8　黄金峡水利枢纽

图7-9　面临断流的河道

7.2　植被种类筛选原则

在对河流自然状态下植物群落考察的基础上,充分考虑河流的地形地貌特征,确定河流植物群落修复的主要植物类型及其比例。为实现本书的研究目的,需选择具有较强净化能力和不同生态类型的植物品种组合,同时植物生长还具有空间约束性,植物之间可能存在拮抗现象,因此还应该注重植物间的互营共生性,避免引起生物灾害。应该在充分考虑水质净化的基础上,同时考虑其生态稳定性,依据当地自然条件对植物群落类型做出进一步的调整和优化。

在进行植被生态修复配置时,不仅要考虑到植被覆盖率,而且需要在利用当地原有物种的情况下,尽量使得物种多样化,避免单一。根据黄金峡库区湿地生态修复要求,在进行湿地植被筛选的过程中,针对研究区植被群落所存在的问题,在构建植被群落修复方案时要充分考虑以下植被配置原则(康志 等,2007):

(1)耐淹耐旱能力强。黄金峡水库在建成以后,会周期性蓄水、泄洪,故消落带区域会出现不同程度的淹没和出露区域。因此,黄金峡水库消落带植被重建应该选择耐淹耐旱能力强,并且在露出水面时能快速生长繁殖的植物。

(2)根系发达、固岸护坡能力强。黄金峡水库消落带区域时常会受水流冲刷岸边和降雨形成的坡面径流影响,造成水土流失现象,降低土壤肥力,使得生态环境失去平衡。因此,选择根系发达、固土能力强的植被保护边坡不受损失。

(3)易成活、有较强的生芽能力。黄金峡水库为日调节水电站,水位变化频繁,湿地河岸带区域反复淹没、出露,生命力较弱且生命周期短的植物很难适应这种频繁变化的生境。因此,所选植物应该对自然环境有较强的适应能力,且自身易成活、抗疾病能力强、生命力顽强。

(4)净水能力较强。植物应该具有较强拦截污染物和富集污染物的能力,可以拦截水体中的垃圾并吸收氮、磷、化学需氧量等水体污染物,防止发生水体富营养化现象。

(5)本土植物为主、外来植被为辅。所选植被应当尽量优先为能适应库区水位变幅的两栖乡土物种本地植物,因为本地植物契合当地环境要求,倘若本地植被难以适应建库后的变化,可以在不破坏当地生态的前提下,引进适当外来物种。两者有机结合相辅相成,达到预期要求。

7.3 黄金峡库岸消落带生态修复植物配置及布局优化

根据实地探查、走访和专家论证,遴选出了黄金峡水源区消落带及其缓冲区(1 km)生态修复方案,即生态安全与水质保障下的多目标多策略的植物群落重建与附属装置配合的技术指导方案(见表7-1)。该方案兼顾了因地制宜、景观效果、生态效益和经济收益等多个目标。

表7-1 主要植物配置方式及附属装置布局方案

立地类型代码	立地类型	像元个数 (12.5 m×12.5 m)	面积/hm²	主要植物配置方式/工程措施
111	坡底阴坡极陡坡	18 224	284.75	防冲刷附属工程/装置
112	坡底阴坡陡坡	34 649	541.39	防冲刷附属工程/装置为主,辅以耐阴常绿攀缘植物
113	坡底阴坡斜坡	36 191	565.48	耐阴的草本、攀缘藤本/导排附属装置
114	坡底阴坡缓坡	42 979	671.55	耐阴的常绿挺水植物、攀缘植物/结合防冲刷装置
115	坡底阴坡平地	30 397	474.95	耐阴的常绿挺水植物、攀缘植物/结合防冲刷和蓄水装置
121	坡底阳坡极陡坡	21 165	330.70	防冲刷附属工程/装置
122	坡底阳坡陡坡	41 702	651.59	防冲刷附属工程/装置为主,辅以喜光的常绿攀缘植物
123	坡底阳坡斜坡	45 522	711.28	喜光的草本、攀缘藤本/导排附属装置
124	坡底阳坡缓坡	43 465	679.14	喜光的常绿挺水植物、攀缘植物/结合防冲刷装置
125	坡底阳坡平地	27 429	428.58	喜光的常绿挺水植物、攀缘植物/结合防冲刷和蓄水装置
135	沟底平地	4 737	74.02	营造湿地景观,作为保护性水生动物的栖息地
211	中坡阴坡极陡坡	69 337	1 083.39	梯级交错导排附属装置,辅以耐阴常绿攀缘植物
212	中坡阴坡陡坡	105 045	1 641.33	耐阴灌木与草本,结合导排附属装置
213	中坡阴坡斜坡	64 728	1 011.38	耐阴的乔灌草群落,结合导排附属装置
214	中坡阴坡缓坡	48 294	754.59	乔(耐阴)灌草藤本构建复杂植物群落,兼顾经济效益
215	中坡阴坡平地	25 645	400.70	乔(耐阴)灌草藤本构建复杂植物群落,兼顾经济效益

续表 7-1

立地类型代码	立地类型	像元个数（12.5 m×12.5 m）	面积/hm²	主要植物配置方式/工程措施
221	中坡阳坡极陡坡	60 394	943.66	梯级交错导排附属装置,辅以耐阴常绿攀缘植物
222	中坡阳坡陡坡	109 751	1 714.86	喜光的灌木与草本,结合导排附属装置
223	中坡阳坡斜坡	89 001	1 390.64	喜光的乔灌草群落,结合导排附属装置
224	中坡阳坡缓坡	53 603	837.55	乔(喜光)灌草藤本构建复杂植物群落,兼顾经济效益
225	中坡阳坡平地	26 652	416.44	景观效果好的经济林树种
235	山腰平地	1 855	28.98	景观效果好的经济林树种
311	上坡阴坡极陡坡	15 678	244.97	草本与攀缘藤本为主/梯级交错导排附属装置
312	上坡阴坡陡坡	34 115	533.05	灌草结合配置/导排附属装置
313	上坡阴坡斜坡	30 513	476.77	草本与攀缘藤本为主/导排附属装置
314	上坡阴坡缓坡	31 504	492.25	乔(耐阴)灌草复层配置/导排附属装置
315	上坡阴坡平地	33 619	525.30	乔(耐阴)灌草复层配置
321	上坡阳坡极陡坡	8 222	128.47	草本与攀缘藤本为主/梯级交错导排附属装置
322	上坡阳坡陡坡	26 794	418.66	草本与攀缘藤本为主/导排附属装置
323	上坡阳坡斜坡	37 065	579.14	灌草结合配置/导排附属装置
324	上坡阳坡缓坡	42 182	659.09	乔(喜光)灌草复层配置/导排附属装置
325	上坡阳坡平坡	37 542	586.59	乔(喜光)灌草复层配置
335	山脊平地	22 215	347.11	乔灌草复层配置

7.4　植被群落种类选择

在构建植被群落生态修复时,应充分考虑两个条件:①研究区的气候、气温、降水、湿度、光照、土壤等因素对植被的影响;②植被耐淹能力强且具备一定的耐旱能力(穆军 等,2008)。在进行植物种类选择时,优先考虑挺水植被群落+陆生植被群落,辅以部分优势沉水柔性植物。

7.4.1　基于 Meta 分析探究最佳挺水植物组合

挺水植物作为构建湿地、河道两岸生态修复的主要植物,不但具有吸收同化、拦截过滤污染物的作用(石雷 等,2010),而且因为生命周期比沉水植物、浮水植物长,能储存的氮、磷含量比较稳定,易通过定期收割植物来去除氮、磷(成水平 等,2002)。因此,选择适当的挺水植物是构建人工湿地和恢复重建自然湿地的关键措施。选定芦苇作为水工试验的模拟材料,芦苇群落不仅在缓流方面效果比较好,其自身的净水能力也比较突出,常常作为构建挺水植物群落的重要植被之一。但考虑挺水植被的种类丰富性及景观格局的要求,需要选择其他适宜种类的净水挺水植物种类。

研究使用的 Meta 分析法本质上也是一种基于试验结果的方法,它是将各个独立的试验结果收集起来,加以分类汇总,从中得出一个最优解作为目标的方法。本次收集了近二十年来我国发表的关于挺水植物去污净水能力的相关文献(Xing et al. , 2020;Quan et al. ,2016;庞庆庄 等,2019;李龙山 等,2013;杨林 等,2011;汤显强 等,2007;张德喜,2018;崔丽娟 等,2011;王玮,2019;张葆华 等,2007;徐秀玲 等,2012;熊缨 等,2011;肖广敏,2015;张雪琪 等,2012;凌祯 等,2011;许国云 等,2014;王宠,2019;邓志强 等,2013;韩潇源,2008;郜莹,2012;苏小红 等,2013;刘建水,2020;王庆海 等,2008;袁东海 等,2004;刘春常 等,2007;周卿伟 等,2018),通过应用 Meta 分析的原理,按水质指标、入流污染物的浓度分类研究了挺水植物对水质中的氮、磷、化学需氧量的去除率效应值,为通过挺水植物自身来净化水质应用提供了一定的参考。

7.4.1.1 研究方法:Meta 分析

Meta 分析又称整合分析、汇总分析,对已确定研究目标的多项独立的试验结果加以整理、汇总,从而可以进行定量分析,找寻出该目标存在的特定规律,曾被广泛应用于医学和心理学领域。近些年来被引入到生态、环境方面,给保护环境提供了一定的借鉴。

Meta 分析主要步骤有:①根据研究目标制定选择文献的标准,广泛收集文献;②根据数据需求标准完成对所选文献筛选所需数据;③根据研究对象的特征,选取相应模型并确定效应值的计算公式;④对数据进行异质性检验,采用相符的模型并计算综合效应值,确定置信区间完成最终评价。

目前,Meta 分析在生态环境研究方面使用较多的效应值是适用性较强的效应值响应比 $\ln R$,本次研究选择类似于响应比 $\ln R$ 的去除率 R 作为效应值来表征挺水植物对污染物的净水能力,计算公式(龙闹,2015)为

$$R = \frac{c_0 - c_1}{c_0} \tag{7-1}$$

式中:c_0 为污水的入流浓度,mg/L;c_1 为污水的出流浓度,mg/L。

计算综合效应值模型可分为两种:固定效应模型和随机效应模型,通常情况下使用卡方检验来首先检验效应值的异质性,然后根据异质性结果选择相应的计算模型。

固定效应模型综合效应值计算公式:

$$R = \frac{\sum W_i R_i}{\sum W_i} \tag{7-2}$$

随机效应模型综合效应值计算公式:

$$R = \frac{\sum W_i^* R_i}{\sum W_i^*} \tag{7-3}$$

式中:$W_i^* = \left(T + \dfrac{1}{W_i}\right)^{-1}$,$T = \dfrac{Q-(K-1)}{\sum W_i - \dfrac{\sum W_i^*}{\sum W_i}}$,$Q = \sum W_i r_i^2 - \dfrac{(\sum W_i r_i)^2}{\sum W_i}$,$K$ 为研究个数;R_i 为单项研究的效应值;W_i 为每个研究的权重。

采用 Excel、MetaWin 和 SPSS 软件进行效应值的收集、分析及处理。

7.4.1.2　数据收集

首先确定"挺水植物""去污效率"和"净水效果"等核心关键词在"中国知网 CNKI""Web of Science"两种文库中进行检索,筛选了近 20 年来 42 篇相关文献,这些文章还要同时满足以下条件:

(1)所有数据资料结果都必须来源于去污试验结论。

(2)数据资料中必须包括挺水植物的水质指标:入水和出水的浓度变化值或相应的去除率。

(3)文章中的试验结果要以具体的数值或图表形式给出。

(4)每项试验都必须是独立的,不能重复报道,对每个独立研究中的处理只能使用 1 个测量值。

文献筛选的主要内容有水质指标、挺水植被种类、试验时间、试验地区、污水来源等。其中,挺水植被有香蒲、芦苇、美人蕉、菖蒲、水葱、千屈菜 6 种植物;试验时间选择为挺水植物生长发育阶段;试验污水主要是生活污水,也有部分试验污水为工业污水;试验地区主要为我国华北、华南、西南等地区。

7.4.1.3　挺水植物对不同水质的处理效果

分别计算 6 种挺水植物对污水不同水质指标(COD、TN、TP)的去除率效应值,然后对其各个去除率效应值结果进行异质性检验。结果表明,各种挺水植物的效应值都具有同质性(卡方检验 $P>0.05$)。因此,在计算去除率综合效应值时选择固定效应值模型作为计算模型,在计算去除率综合效应值后还要分析 95%置信区间。

计算 6 种挺水植物的 COD 去除率综合效应值,结果如图 7-10 所示。

由图 7-10 可知,6 种挺水植物对 COD 的去除率综合效应值为 61.07%～73.91%。美人蕉对 COD 的去除率综合效应值最高,其去除率综合效应值为 73.91%;其次为千屈菜,为 68.99%。除水葱外,香蒲、菖蒲、芦苇对 COD 的去除率综合效应值均在 66%以上。比较所选 6 种挺水植物的去除率综合效应值 95%置信区间可知,芦苇对 COD 的去除效果稳定性最好,香蒲次之,菖蒲的去除效果稳定性最差。

计算所选 6 种挺水植物对 TN 的去除率综合效应值,结果如图 7-11 所示。

所选择的 6 种挺水植物对 TN 的去除率综合效应值为 60.21%～71.28%。芦苇对 TN 的去除率综合效应值最高,其去除率综合效应值为 71.28%;香蒲次之,为 67.52%;菖蒲、水葱和千屈菜这 3 种植物对 TN 的去除率综合效应值较低。比较所选 6 种挺水植物的去除率综合效应值 95%置信区间可知,芦苇对 TN 的去除效果稳定性最好,香蒲次之,其他

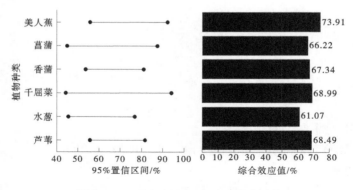

图 7-10　6 种水生植物对 COD 的去除率

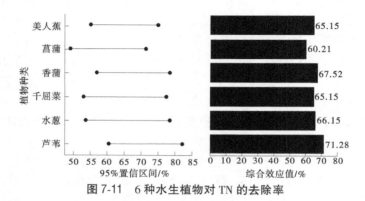

图 7-11　6 种水生植物对 TN 的去除率

挺水植物对 TN 的去除效果稳定性较为一般。

计算所选 6 种挺水植物对 TP 的去除率综合效应值,结果如图 7-12 所示。

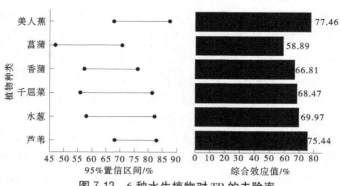

图 7-12　6 种水生植物对 TP 的去除率

所选 6 种水生植物对 TP 的去除率综合效应值为 58.89%~77.46%。美人蕉对 TP 的去除率综合效应值最高,其去除率综合效应值为 77.46%;芦苇次之,为 75.44%。千屈菜、水葱、香蒲这 3 种植物对 TP 的去除率综合效应值均在 66%以上;而菖蒲对 TP 的去除率综合效应值最低,仅有 58.89%。比较所选 6 种挺水植物的去除率综合效应值 95%置信区间可知,芦苇对 TP 的去除效果稳定性最好,美人蕉、香蒲次之,千屈菜的去除效果稳定性最差。

7.4.1.4 不同入流浓度条件下的处理效果

所选 6 种挺水植物对不同污染物浓度具有不同的处理结果。根据现行《地表水环境质量标准》(GB 3838)中 V 类水标准限值、《城镇污水处理厂污染物排放标准》(GB 18918)中最高容许排放浓度一级 B 标准和两倍于一级 B 标准的浓度,将各个挺水植物的净水试验时的污染物入流浓度划分为低浓度、中浓度、高浓度、超高浓度 4 个等级(龙闹,2015),具体分类标准如表 7-2 所示。

表 7-2 入流水质分类标准   单位:mg/L

水质指标	低浓度	中浓度	高浓度	超高浓度
TN	小于 2.00	2.00~20.0	20.00~40.00	大于 40.00
TP	小于 0.40	0.40~1.00	1.00~2.00	大于 2.00
COD	小于 40.00	40.00~60.00	60.00~120.00	大于 120.00

分别计算所选 6 种挺水植物对不同入流浓度的去除效果。结果如图 7-13～图 7-15 所示。

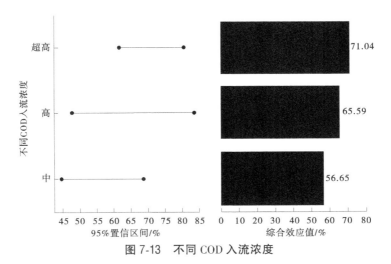

图 7-13 不同 COD 入流浓度

所选 6 种挺水植物对不同污染物的不同入流浓度具有不同的处理效果。具体结论:6 种挺水植物对 TN 的低入流浓度能取得较好的处理效果,其去除率综合效应值最高但去除效果稳定性最差,对中、高入流浓度去除效果稳定性较好。对 TP 的高和超高入流浓度能取得较好的处理效果,其中所选挺水植物对超高入流浓度去除效果稳定性最好,对高入流浓度虽然去除率综合效应值较高但去除效果稳定性最差。对 COD 的超高入流浓度可以取得较好的处理效果,6 种挺水植物的去除率综合效应值最高且去除效果稳定性最好,但中等入流浓度的去除效果稳定性最差。

7.4.1.5 结果与说明

使用 Meta 分析法对我国近 20 年来有关净水试验的文献资料进行收集、整理、比较分

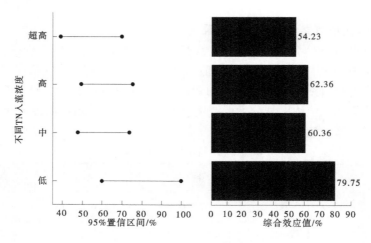

图 7-14　不同 TN 入流浓度

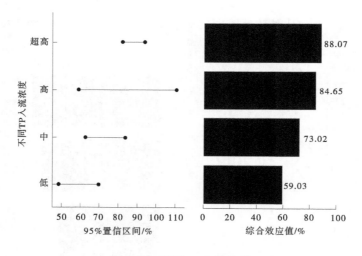

图 7-15　不同 TP 入流浓度

析、研究,从不同挺水植物种类和污染物入流浓度两种情况分析了所选 6 种挺水植物对污染物(TN、TP、COD)的去除率综合效应值和去除效果稳定性。

　　主要结论有:芦苇和香蒲对 TN 的去除率综合效应值较高且去除效果稳定性接近;芦苇、美人蕉、香蒲对 TP 的去除率综合效应值较高且去除效果稳定性较好;芦苇、香蒲对 COD 的去除率综合效应值较高和去除效果稳定性较好。所选 6 种挺水植物对 TN 低入流浓度条件下可以取得较好的处理效果;对 TP 高和超高入流浓度条件下可以取得较好的处理效果;对 COD 超高入流浓度条件下可以取得较好的处理效果。分析筛选得出芦苇、香蒲、美人蕉是对富营养化水体净化效果比较好的 3 种挺水植物。因此,可以考虑其不同的净化能力和经济价值,设计不同的植物组合来搭配使用,以更好地发挥挺水植物净化水体、美化环境的功能。

7.4.2 陆生植物群落种类选择

陆生植物群落具有固土、净化水质空气、影响局部地区气候、给生物提供重要栖息地等多项功能。因此,在选择陆生植物群落时,不仅首选本土优势物种适当引进优良树种,还要考虑植物种类的空间布局、丰富性等多种因素(樊大勇 等,2015)。参考近年来各大水库如三峡水库、新安江水库进行植被群落修复时所选择的植被种类,最终确定了黄金峡库区上游两岸的陆生植物群落种类,见表 7-3。

表 7-3 黄金峡库区上游两岸陆生植被种类

类型	植物名称	拉丁名	科属/生长特性	适宜范围
草本植物	狗牙根	*Cynodon dactylon*(L.)Pers	禾本科狗牙根属/多年生草本植物	全国各地
	甜根子草	*Scharum spontaneum* L	禾本科甘蔗属/多年生草本植物	华中、华南、西南等地区
	香根草	*Vetiveria zizanioides*(L.)Nash	禾本科香根草属/多年生草本植物	华中、华南地区
	牛鞭草	*Hemarthria altissima*(Poir.)Stapf et C. E. Hubb	禾本科牛鞭草属/多年生草本植物	华中、西南地区
	荻	*Triarrhena sacchariflora*(Maxim.)Nakai	禾本科荻属/多年生草本植物	华中地区
	酸模叶廖	*Polygonum lapathifolium* L.	廖属/一年生草本植物	西南、华中、华南等地区
	白茅	*Imperata cylindrica*(L.)Beauv	禾本科/多年生草本植物	全国北方多数地区
	芒	*Miscanthus sinensis* Anderss.	禾本科/多年生苇状草本植物	全国多数地区
	龙须草	*Juncus effusus*	灯芯草科灯芯草属植物	华北、东北、西南等地区
灌木植物	秋华柳	*Salix variegata* Franch	杨柳科柳属/灌木植物	华中、西南地区
	小梾木	*Swida paucinervis* Sojak	山茱萸科梾木属/落叶灌木	华中、西南地区
	火棘	*Pyracantha fortuneana* Li	蔷薇科火棘属/常绿灌木	华中、西南地区
	胡枝子	*Lespedeza bicolor* Turcz	豆科胡枝子属/直立灌木	全国多数地区
	紫穗槐	*Amorpha fruticosa* Linn	豆科落叶/灌木	东北、华北、西北地区
	小果蔷薇	*Rosa cymosa* Tratt	蔷薇科蔷薇属/落叶灌木	华东、华南、西南等地区
	醉鱼草	*Buddleja lindleyana* Fortune	马钱科醉鱼草属/灌木	西南、华北等地区

续表 7-3

类型	植物名称	拉丁名	科属/生长特性	适宜范围
乔木植物	侧柏	*Platycladus orientalis* Franco	柏科侧柏属/常绿乔木	华中、华北、华南、西南等地区
	白桦	*Betula platyphylla* Suk.	桦木科桦木属/落叶乔木	华北、华南、西南等地区
	山杨	*Populus davidiana* Dode	杨柳科杨属/落叶乔木	华北、西北、华中、西南等地区
	中山杉	*Taxodium 'Zhongshansha'*	杉科落羽杉属/乔木	华中、华南地区
	核桃	*Juglans regia* L	胡桃科胡桃属/乔木	华北、西北、西南等地区
	栓皮栎	*Quercus variabilis* Bl	栎属壳斗科/落叶乔木	东北、华南、西南等地区
	山茱萸	*Cornus officinalis* Sieb Zucc	山茱萸科山茱萸属/落叶乔木	西北、华南、西南等地区

7.5 相关驳岸设计

驳岸通常是连接以挺水植物为主的水生植被群落和陆生植被群落之间的过渡地区，一个结构合理的驳岸给湿地植被发挥涵养水体、防止水土冲刷、保护环境稳定等功能提供了良好的基础条件。一般用于湖泊、河流两岸的驳岸类型有自然缓坡式驳岸、生态可持续式驳岸和石砌驳岸。在本次研究中，主要以自然缓坡式驳岸为主，在水土流失、水体环境较差的区域选择生态可持续式驳岸和石砌驳岸，以此确保挺水植被群落和陆生植被群落的生态联系密切(秦正，2019)。

7.5.1 自然缓坡式驳岸

自然缓坡式驳岸是最贴近自然状态下的一种驳岸，适用于自然条件、岸线形态较好的区域。具有良好的渗水性，在丰水期时，会将水体中的水渗入到驳岸外的地下水层；枯水期时，地下水又反过来渗入水体，有重要的调节水流作用。此外，自然缓坡式驳岸可以减轻水流对两岸的冲刷、净化水体，有利于植被更好地发挥育水固土的作用，给微生物和水生动物提供良好的栖息环境。目前，国内大多数人工湿地都采用这种形式的驳岸，根据不同的地理位置，选择恰当的边坡坡度，从岸上到水体依次布置乔灌木、草本植物、挺水植物、沉水植物种类，更好地发挥自然缓坡式驳岸的生态功能。

7.5.2 生态可持续式驳岸

生态可持续式驳岸是介于自然和人工之间的一种驳岸形式，通过在岸边布设树桩、竹料、石笼、耐水木料等材料，给植被提供稳定的生长环境，然后通过先种植生命力强、适应性好的优势物种，待优势物种成熟后，再引入其他植被群落，这样做增加了驳岸的稳定性和通透性，有利于水体中的物质、能量交换。

7.5.3　石砌驳岸

石砌驳岸是一种常用的人工硬质驳岸形式,通常适用于水流流速快、两岸水土流失严重的区域。一般情况下,该区域人工维护方便,但生态性较差。因此,在进行石砌驳岸设计时,尽量使用当地的块石,而且要给植被留出一定的生长区域,布置时尽量低水位布置,给后方挺水植物群落留出一定的生长空间,保证挺水植被的缓流和净水效果。

7.6　典型植被群落空间配置

在进行植被群落的配置时,要充分考虑植被群落的垂直方向配置和水平方向配置。垂直方向配置主要与太阳光有关,最高处应为乔木,中间位置应为灌木和草本植物,最底层为挺水植物。而水平方向配置主要受地形、土壤湿度、人类活动等因素影响,结合河道两岸的地形特征,从岸边至陆地依次配置挺水植物、草本植物、灌木植物、乔木植物。合理地配置植被种类,增加植被群落的生态稳定性,有利于植被群落的正向演替,在保证生态效益的同时保持景观格局。

考虑黄金峡水库蓄水时上游河道中水位在440~450 m变化,将其划分为3部分,具体划分如下。

7.6.1　第一部分(440~444 m)

该区段长期处于水淹状态,水流速较缓,库区正常蓄水后的水淹深度为6~10 m。深水区受水压力的影响较大,不宜在该段选择配置根茎较高的挺水植物,应以耐深水淹的低矮草本植物为主要配置对象,其修复模式如图7-16所示,低矮草本植物如狗牙根(见图7-17)、双穗雀稗(见图7-18)等。由于该段水淹状态比较稳定,可以在442~444 m高程段种植一些常见的沉水草本植物,即苦草、金鱼藻、狐尾藻、黑藻,一方面起到净化水质的作用,另一方面也可以缓冲由于库区调水引起的流速变化对消落带产生的不利影响。

图7-16　耐淹草本修复模式(下部)

7.6.2　第二部分(444~448 m)

该区域长期处于水-旱交替变化状态,根据2025年库区调水后的年内水位变化易知,444~446 m高程段的水-旱交替变化是消落区中变化最为频繁的区段。在444~446 m高程段应采取草本、灌木和挺水植物相结合的配置方式,其修复模式如图7-19所示。草本

图 7-17 狗牙根　　　　　　　　图 7-18 双穗雀稗

植物选择狗牙根、香附子(见图 7-20)、香根草(见图 7-21)、百喜草,灌木植物可以选择极耐水淹的秋华柳(见图 7-22),挺水植物则选择芦苇和菖蒲。在 446~448 m 高程段上可配置小栎木(见图 7-23)和耐水淹性能较差的香蒲(见图 7-24)、千屈菜(见图 7-25),当然也可以搭配低矮草本植物狗牙根,以增加消落区绿化面积。

图 7-19　水生植物+耐淹灌草修复模式(中部)

图 7-20　香附子　　　　　　　　图 7-21　香根草

7.6.3　第三部分(448~450 m)

该区段干旱期较长,需选择耐旱又耐淹的植物类型,水淹深度在 0~2 m 变化,可以采用草本、灌木和乔木相结合的配置方式,其修复模式如图 7-26 所示。草本植物选择狗牙根,灌木植物选择秋华柳、小栎木和小叶蚊母,乔木植物则选择旱柳(见图 7-27)和意杨(见图 7-28)两种。

图 7-22　秋华柳

图 7-23　小楝木

图 7-24　香蒲

图 7-25　千屈菜

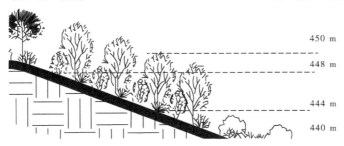

图 7-26　耐淹乔灌草修复模式 (上部)

图 7-27　旱柳

图 7-28　意杨

植被空间配置如图 7-29 所示。

图 7-29　植被空间配置图

7.7　植被群落生态修复设计

针对黄金峡在建库后给上游河道带来的水位、水质变化及朱鹮栖息地受影响等多项问题,将植被生态修复设计分为四部分:朱鹮栖息地湿地植被群落修复设计、普通河漫滩植被群落修复设计、河流湍急弯道处植被群落修复设计、水库库湾段植被群落修复设计。

7.7.1　朱鹮栖息地湿地植被群落修复设计

黄金峡库区上游洋县段是朱鹮的游荡区,其经常在该区域觅食。朱鹮的觅食地多选择在水浅、开阔程度较大、水流速度缓慢、土壤松软、植被稀少、人为干扰小的湿地区域,对水生态环境的要求比较高,而且芦苇等挺水植物构成的小生境是湿地鸟类主要的栖息、营巢和觅食场所。因此,要设计合适的植被群落系统,使之达到调节小区域气候、维持物种稳定、育水保土、减轻噪声、净化空气的要求,以满足朱鹮对湿地植被群落的实际需求。

可以在洋县段划定朱鹮栖息地保护区,通过堆泥成基等措施构建多样性水体环境,再配置合理的挺水植物+陆生植物种类,最大程度地减小由人为扰动对朱鹮栖息地造成的影响。考虑朱鹮对水的流速、水质要求比较高,故此处优先考虑这两点,再辅以其他陆生植被群落,构建合适的植被群落方案,以起到缓流、净水、净化空气、提高固土能力、给朱鹮提供栖息场所等多项作用。根据前文得出的缓流效果较好的挺水植物群落密度和 3 种净水能力较强的挺水植被结论,搭配其他陆生植被群落,整体上满足生态的稳定性。具体设计见表 7-4 和图 7-30。

表 7-4　朱鹮栖息地湿地植被群落修复设计

组成要素		具体内容
驳岸形式		自然缓坡式驳岸
挺水植物选择		芦苇、美人蕉、香蒲,密度为 108 株/m^2
优势种		芦苇
陆生群落选择	草本	狗牙根、荻、甜根子草、香附子、白茅、荻、牛鞭草
	灌木	火棘、胡枝子、秋华柳、紫穗槐、小果蔷薇
	乔木	侧柏、白桦、山杨、栓皮栎、山茱萸
	优势种	狗牙根、白茅、秋华柳、山杨
	配置形式	竖直配置+水平配置

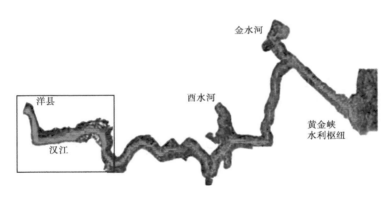

图 7-30　朱鹮栖息地湿地植被修复设计区域

　　朱鹮生态湿地属于生态敏感区,通过配置合理的挺水植物群落密度,并搭配多种陆生植物群落构建合理的植被群落生态系统,可以起到延缓水流流速、给朱鹮提供良好水质/栖息地、减弱河流冲刷、丰富区域物种多样性、涵养水土等多项功能,更好地为朱鹮提供保护。除了上述生态环境保护措施,还要加强对沿河两岸的排污监管,禁止未经处理的污水直接排入水体,影响水质。应多管齐下,重视对朱鹮栖息地的保护。

7.7.2　普通河漫滩植被群落修复设计

　　河漫滩是由于水流的横向迁移和洪水漫堤的沉积作用共同形成的,是连接水面和陆地的过渡地段,该区域所处的植被群落不仅为河流中鱼类、微生物提供栖息的场所,还可以发挥固土育水、拦截污染物、净化水质、防止水流过度冲刷、调节局部气候等功能。针对黄金峡库区上游两岸的河漫滩地,提出植被群落配置种类组合。考虑到普通河漫滩地对水体流速、水质净化要求不高,只选择芦苇群落作为挺水植物群落。具体设计见表 7-5。

表 7-5　普通河漫滩植被群落修复设计

组成要素		具体内容
驳岸形式		自然缓坡式驳岸
挺水植物选择		芦苇,密度为 54 株/m²
优势种		芦苇
陆生群落选择	草本	狗牙根、香根草、牛鞭草、荻、酸模叶蓼、芒、龙须草
	灌木	秋华柳、小楝木、火棘、醉鱼草、胡枝子
	乔木	侧柏、山杨、中山杉、栓皮栎、核桃
	优势种	芦苇、狗牙根、芒、山杨、小楝木、秋华柳
	经济林树种	栓皮栎、核桃
配置形式		竖直配置+水平配置

　　河漫滩作为连接水生生态系统和陆生生态系统的重要过渡带,修复要以保护其自然形态为前提,在该处的植被群落除了带来景观效应,很多植被亦可以作为经济作物,可以在保护当地生态环境、维持物种多样性的同时带动当地经济。合理配置植被种类和数量,可以更好地发挥其生态功能和社会功能。

7.7.3　河流湍急弯道处植被群落修复设计

　　河道较窄处、弯道处由于水体流速过快,冲刷凹岸,存在比较严重的水土流失现象,这会使植被对土壤的需求失衡,导致植被缺乏生存空间而死亡,加剧凹岸的水土流失。因此,要重点考虑植被的缓流作用,对净水效果不做重点考虑,合理设计河流湍急弯道处的植被群落配置组合。具体设计见表 7-6、图 7-31。

表 7-6　河流湍急弯道处植被群落修复设计

组成要素		具体内容
驳岸形式		石砌驳岸
挺水植物选择		芦苇,密度为 108 株/m²
优势种		芦苇
陆生群落选择	草本	狗牙根、香根草、牛鞭草、荻、白茅、酸模叶蓼
	灌木	秋华柳、胡枝子、紫穗槐、醉鱼草
	乔木	侧柏、白桦、中山杉、山茱萸、山杨
	优势种	芦苇、狗牙根、秋华柳、山杨
配置形式		竖直配置+水平配置

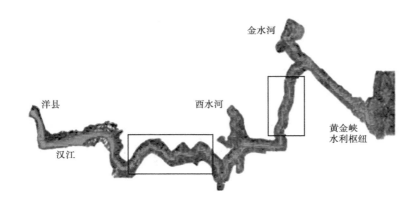

图 7-31　河流湍急弯道处植被群落修复设计区域

　　河流的急弯处往往水土流失比较严重,此时要充分考虑植被的缓流作用,将河道泄洪时对两岸的负面影响降至最低。可以配合工程辅助技术,给植被提供良好的生长环境,为植被更好地发挥生态功能提供支持。常见的工程辅助技术有三维网垫植草技术、香根草加筋柔性板块技术(邓斌 等,2013)等,如图 7-32、图 7-33 所示。

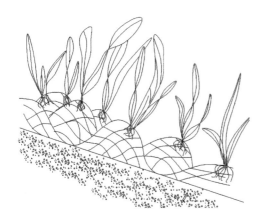

图 7-32　三维网垫植草技术

图 7-33　香根草加筋柔性板块技术
(来源:邓斌 等,2013)

7.7.4　水库库湾段植被群落修复设计

　　水库库湾地形复杂(如金水河、酉水河等区域),由于库湾水体交换性能较差,污染物滞留时间长,且直接容纳较多点源排放的污染物,最终造成水质差的情况出现,该区域也是水体富营养化现象的频发地段,是破坏整个湿地环境稳定性的主要影响因素之一。针对黄金峡库区库湾、地形复杂地区,提出该情况下的植被群落配置组合。该区域重点考虑植被的净水效果且该区域地形较为复杂,很少有乔木植被存在。具体设计见表 7-7、图 7-34。

表 7-7　水库库湾段植被群落修复设计

组成要素		具体内容
驳岸形式		生态可持续式驳岸
挺水植物选择		芦苇、香蒲、美人蕉,密度为 108 株/m²
优势种		芦苇
陆生群落选择	草本	龙须草、白茅、荻、狗牙根、香根草
	灌木	醉鱼草、胡枝子、小栎木
	优势种	芦苇、狗牙根、小栎木
	配置形式	竖直配置+水平配置

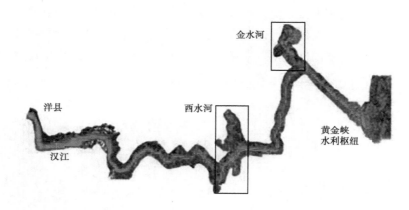

图 7-34　水库库湾段植被群落修复设计区域

　　水库库湾段和河流地形复杂处水质一般相较于库中较差,因此为了整个湿地的生态环境免受水体富营养化现象破坏,对该处的植被群落修复更是不容忽视。

7.8　消落带坡面植物种植附属措施

7.8.1　河口交汇处消落带坡面绿化装置

　　本次研究采用已经公布的发明专利(一种水陆交错带立体绿化装置及其使用方法),该装置能有效对水陆交错带进行绿化,使消落带具有一定的观赏游憩价值;对消落带的生态环境有修复作用;能消除污染,净化水质,改善水体质量,恢复水体生态功能。该装置的主体(见图 7-35)由 3 cm 厚的水泥板构成,底座长为 120 cm,不包含水泥板厚度,宽为 50 cm,主要分为 3 部分:水生植物种植层、湿生植物种植层及旱生植物种植层。

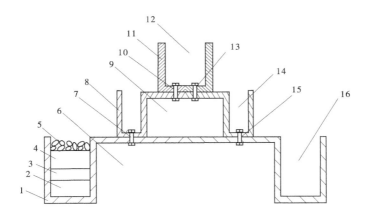

1—第一结构件;2—第一土壤层;3—保水层;4—第二土壤层;5—压石层;6—第一行洪孔道;
7—第一螺栓螺母组件;8—第二结构件;9—第二行洪孔道;10—第二安装孔;11—第三结构件;12—第一种植槽;
13—第二螺栓螺母组件;14—第二种植槽;15—第一安装孔;16—第三种植槽。

图 7-35　水陆交错带立体绿化装置

（来源：一项公布的发明专利，CN109874556A）

7.8.2　常规河段消落带坡面绿化装置

针对岩石构造的消落带坡面的绿化植物根系固定，在冲刷力量相对平稳的常规河段，采用多级水梯层消落带景观结构附属设施（见图 7-36），将水体分开为分段流动，防止河岸冲刷，提高景观观赏性，同时结合水帘洞的设计，美观大方，在斜面设置蓄水池，可以有效地蓄水，便于后续水流回流至上层草地，循环利用，便于灌溉植被。

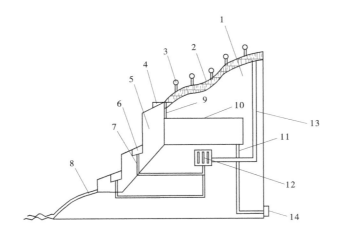

1—消落带主体;2—消落带主体顶部表面设有的草地;3—灌木或乔木;4—出水管;5—水梯层;6—蓄水池;
7—下水管;8—碎石层;9—废水管;10—土壤水分回流室;11—排污管;12—抽水泵;13—送水管;14—排污泵。

图 7-36　多级水梯层消落带景观结构附属设施

（来源：一项公布的发明专利，CN211646244U）

7.9 植被群落管理

河流两岸的植被管理是植被生态修复设计的一项重要内容,对保持库区稳定性、生物多样性具有重要意义。考虑到水流重复淹没冲刷植被,会冲击植被过长的茎叶导致凋落,也会影响植被吸收氮、磷等导致水体富营养化元素的速率,从而降低植被对水体富营养化的贡献率。因此,对植被群落进行管理,保证其生态功能和经济效益的正常发挥。

7.9.1 前期准备

(1)对湿地两岸已经枯死的植被进行清理,防止其进入水体破坏水体环境。

(2)对自然缓坡式驳岸上的土壤进行松土,清除上面的杂物;对生态可持续式驳岸和石砌驳岸进行合理的空间配置。

(3)选择合理的季节种植、移栽植被群落,保证植被群落的最大成活率。

7.9.2 后期管理

实施时间:以最大发挥植被净水和缓流效果为前提,考虑河道汛期、植被生长能力较弱的时间,确定时间为12月至翌年1月。

实施对象:主要是芦苇、美人蕉、香蒲3种净水植物,尤其是枯萎的植株,防止进入水体,保证水体净水能力,适当收割草本植被、灌木植被、乔木植被,保证植被的美观格局。修剪的植被有药用、饲料、果实出售等多方面用途。修剪时,可以划定样方(10 m×10 m),逐个进行,修剪完做好相应的记录工作。每次修剪率不得低于30%,对于交通不便、人力修剪困难的区域,可以实行定期放牧等方案维持区域物种稳定性,还要定期做好植被生长监测,及时补充或调整植被种群配置,使生态向良性或有利方向发展。

对植被进行定期修剪、收割,不仅可以保证水体植物对氮、磷等易导致水体富营养化元素的吸收,确保其对吸收水体富营养化的贡献率,保持研究区内植被群落物种多样性的稳定,还可以通过收割植被材料来提高经济收入。因此,为了提高研究区的生态效益、景观效益、经济效益,这种植被群落管理方案是较为可行的。植被群落管理设计方案如图7-37所示。

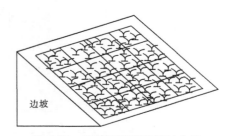

图7-37 植被群落管理设计方案

7.10　小　结

首先,本章通过实地调查得出目前黄金峡周边植被群落存在的问题,确定了植被种类的筛选配置原则,并根据实地探查、走访和专家论证,遴选出黄金峡水源区消落带及其缓冲区(1 km)生态修复主要植物配置方式及附属装置布局方案。其次,在进行植物种类选择时,优先考虑挺水植被群落+陆生植被群落,辅以部分优势沉水柔性植物。第 6 章已确定挺水植物最优植被群落密度,本章基于 Meta 分析法研究 6 种常见挺水植物的去污能力,从中选择了芦苇、香蒲、美人蕉作为黄金峡湿地生态修复中的主要净水植物。最后,根据研究区实际情况,提出 3 种类型的驳岸设计与植被空间配置原则,以此为依据,将黄金峡湿地植被修复设计按朱鹮栖息地湿地、普通河漫滩、河流湍急弯道处、水库库湾段 4 处不同区域进行,并提出了消落带坡面植物种植附属装置与前后期植被管理方式,确保经过植被群落修复后可以得到缓流、净化水质、保护朱鹮等珍稀鸟类栖息地、维持物种多样性稳定的效果。预计会产生以下效益:①生态方面。保护朱鹮栖息地、固土育水、降低两岸水流流速、给水生动物和微生物提供生长环境、调节局部地区气候、净化水质和空气、提高研究区生物多样性等生态效益。②社会方面。通过黄金峡上游两岸段植被群落修复设计,补偿了由于修建黄金峡水库带来的影响,还提升了景观效果,可以带动河库两岸的旅游业、农业,促进当地经济的发展。

8 结论及建议

8.1 结 论

黄金峡上游湿地地处陕西省西南部,汉中盆地东缘,所处水系为汉江流域。本书以黄金峡水库建成运行后为背景,分析在建成运行后其上游湿地区域由于水位、流速、水质等发生变化,从而对湿地植被群落产生的影响,以提出一套契合当地湿地植被生态修复,减轻由于人为扰动对周边湿地植被群落影响的设计方案为目标。首先对黄金峡水库及其上游岸区湿地开展了本底调查研究,并以 MIKE 软件模拟分析黄金峡水库蓄水后代表区域洋县河道段的水动力和水质的变化情况,分析由于水动力和水质变化给植被群落带来的负面影响。后以水力学试验研究了柔性植物的抗逆适应性机制和挺水植物对水流结构的影响,提出了一个缓流效果较好的芦苇植被密度用于黄金峡湿地修复中,可以减轻水流对两岸的冲刷力,提高植被群落的稳定性;基于 Meta 分析不同挺水植物的去污试验结果,确定了去污能力较好的挺水植被种类,起到净化水质、涵养水体的作用。将水力学试验和 Meta 分析的结果综合应用于黄金峡湿地植被生态修复中,并搭配丰富的陆生植被群落种类。在综合考虑挺水植被群落和陆生植被群落的空间结构配置下,提出了不同类型的驳岸设计形式。最终提出研究区不同区域的植被群落生态修复设计和植被群落管理方案,起到涵养水土、减缓流速、净化水体、调节局部气候、维持植被群落多样性和生态稳定性等多项功能。具体结论如下:

(1)调查了黄金峡水库及其上游岸区湿地沉积物无机环境,调查发现土壤性质为中性,并了解了沉积物的理化性质;确定了黄金峡水库及其上游岸区湿地沉积物微生物群落多样性指数,并完成了微生物群落物种组成情况的调查;对植物及底栖动物调查显示,在黄金峡水库及其上游岸区湿地所有样地内均未发现植物及底栖动物;对朱鹮栖息地的研究表明,黄金峡库区的植被覆盖变化对朱鹮生存影响不显著。

(2)使用 MIKE 软件模拟研究区内洋县段由于黄金峡水库建库后带来的水动力和水质变化情况。发现黄金峡水库建库后,对洋县段区域水位抬升明显,由此造成的淹没滩地范围愈加扩大,使得原先一些不受水流影响的滩地等区域受到水淹、水流冲刷的影响,会造成一定程度的水土流失,影响原来河道两岸植被群落的生存环境,一些对水淹敏感的植被甚至出现死亡现象,这会造成植被群落的数量减少,不利于生态的稳定性,更是对朱鹮等珍稀鸟类栖息地的影响比较大,考虑通过配置合适的挺水植物密度,来达到缓流效果,减少水土流失情况的发生。

(3)建库后河道中 3 个水质指标(COD、TP、TN)污染物浓度明显高于建库前,在库湾、地形复杂等部分河道中可能会出现水体富营养化现象,这会影响植被的生存状况,造成植被死亡,形成恶性循环,造成水质持续恶化情况频发。考虑在该区域可种植一定数量的净水能力较好的挺水植物来净化水体、改善水体环境,更好地维持研究区植被群落生态稳定性、保护朱鹮等珍稀鸟类的栖息地。

(4)基于对一种柔性水生植物浮叶眼子菜进行的实验室试验,评估了水力试验典型培养条件对以下方面的影响:植物生物力学、形态特征和植物的水动力性能。结果表明,植物的存活条件对植物胁迫和水动力学有显著影响。对植物造成最高压力的表现也与最佳的流体力学性能(最低的阻力系数)相关,表明植物压力和流体力学之间存在潜在的联系,压力最大的植物的平均阻力系数比最健康的植物低约30%,这种影响与先前研究中的柔性水生植物之间的拖曳力差异相当。

(5)针对水流的水位、流速、水质变化从水工试验方面研究了植被的缓流效果,确定了一个缓流效果较好的植被种群密度。

①在不同植株密度条件下的沿程水位变化:当不存在植株时,沿程的水位变化呈现逐渐增加的趋势。当存在植株时,由于植被群落存在植被群落阻力的影响使得群落段前的水位壅高,而在进入植被群落时,由于植株阻力面积的减小导致植株阻力减小使得水位逐渐降低。而在出植被群落后,沿程水位继续增加。

②4种植株密度下各个横断面流速分布:当不存在植株时,边壁处流速较慢,随后逐渐增大,在河道中线处流速达到最大值,随着输入流量的增加,水流流速变化幅度增加。当存在植株时,无植株边壁处流速小于无植株中线处流速,从无植株中线处到植被群落内部流速快速下降,在植被群落内部流速变化不大。当植株密度为108株/m² 时,从各横断面流速变化幅度来看,此时的缓流效果最好。

③4种植株密度下各个纵断面流速分布:当不存在植株时,各个纵断面流速受沿程阻力和边壁阻力的影响,呈现逐渐减小且越来越趋于平缓。当存在植株时,各个纵断面呈现相似流速变化规律,植被群落内呈现逐渐减小或变化不大的趋势;而无植株处流速呈现上升趋势且不同植株密度情况下流速变化的幅度各不相同。从植被群落内部纵断面的流速变化幅度来看,当植株密度为108株/m² 时缓流效果最好且植被群落内部流速变化最为稳定。

④3种植株密度下各个测点垂向流速分布:3种植株密度下各个测点的垂向流速分布规律相似。无植株群落处从渠底到水面处流速分布呈现近似一条直线逐渐上升的趋势;而有植被群落处从渠底至水面呈现"S"形曲线分布,且随着植株的增加,波动性越来越剧烈,有植株处各测点的流速均小于无植株处的流速。

⑤考虑水流变化幅度的缓流效果和实际环境,过多的植株密度反而会影响河道中的泄洪能力,故选择植株密度为108株/m² 作为理想植株密度应用于黄金峡水库上游两岸的植被修复设计方案中。

(6)使用Meta分析对6种常见挺水植物的去污试验效果进行分析,用污染物去除率作为植被去污能力的量化指标,根据分析结果,发现芦苇、香蒲、美人蕉的去污能力较好,确定这3种挺水植物作为黄金峡湿地修复中的净水植物种类,考虑其净水能力的同时还要合理配置芦苇、香蒲、美人蕉等挺水植物的种群密度,并搭配不同组合的陆生植物群落种类,使其更好地发挥生态功能。

(7)根据研究区实际情况,提出了挺水植被+陆生植被群落的配置方案、3种类型的驳岸设计(自然缓坡式驳岸、生态可持续式驳岸和石砌驳岸)、竖直+水平结合的空间配置方式。将黄金峡湿地植被修复设计划分为朱鹮栖息地湿地植被群落修复设计、普通河漫滩植被群落修复设计、河流湍急弯道处植被群落修复设计、水库库湾段植被群落修复设计,对4处不同区域进行植被群落修复设计,并提出了不同时期的植被管理方式。将黄金峡建库带来的水动力和水质变化对湿地两岸的植被群落影响降至最低,同时也确保了经过植被群落修复后水体可以得到较好的缓流、净水效果,发挥防止水土冲刷、保护朱鹮等珍稀鸟类栖息地、维持物种多样性的稳定等多项生态功能。

8.2　建　议

(1)湿地植物种类的筛选是进行湿地生态修复最关键的一步,在日后的研究中应充分考虑到不同库区之间的湿地以及同一库区不同区段的湿地之间的差异性,避免在进行植被筛选时生搬硬套。

(2)在进行植被配置时,不应该仅仅从空间状态上进行划分,也应该与时间结合起来,尝试将不同植被的季节性差异结合起来,从空间和时间两个方面进行生态修复设计的植被配置工作。

(3)在完成湿地生态修复方案设计的同时,应该就工程造价以及技术可行性进行全面的分析,以确保技术方案能够得到大规模的应用和推广。

三河口湿地土地生态利用研究
（下篇）

9 引 言

9.1 研究背景

为满足人类生产生活需要,大量的水利枢纽工程拔地而起,土地需求量不断增大,河流开发利用程度不断加大,一系列的生态环境问题随之凸显出来,尤其是水生态环境方面的问题。随着我国社会经济实力的不断增强,人们的思想不再停留于只搞"大开发",而开始着眼于"大保护",生态文明建设意识不断增强,大型水利工程枢纽对生态环境安全的影响受到了重视,生态修复成为热点话题。

三河口水利枢纽是引汉济渭工程的重要水源之一,也是整个引汉济渭工程中具有较大水量调节能力的核心项目。枢纽位于佛坪县与宁陕县县境交界、汉江一级支流子午河中游峡谷段,坝址位于大河坝乡三河口村下游约 2 km 处(陕西省引汉济渭二期工程环境影响报告书,2017;陕西省引汉济渭工程环境影响报告书,2013)。工程建设对森林生态系统的影响主要是工程占地和水库淹没引起的林地植被损失,由于工程淹没区和占地区内的植被主要是广泛分布的松栎类植被类型,且工程损失的林地面积仅为区域森林植被面积的 0.38%,因此对森林生态系统影响很小。由于工程占用的农田面积比例较小,工程引起的农业生态系统功能的变化很小。水库蓄水后,库区植被将由低级、简单向高级、复杂的群类方向演替。生物个体失去生长环境,影响程度不可逆。国内关于水库消落带生态修复的研究最广也最为深入的是三峡水库消落带,另外也对华南地区的水库消落带做过不少研究,经过长时间的试验监测,已经筛选出了一些能在消落带生长并且适应其恶劣环境的植物。但是由于水库水文气候、规模和消落带类型的差异,这些地区的植被恢复研究成果可能会在三河口水库消落带出现不适用的情况,所以对于三河口水库消落带的植被修复,必须根据当地实际情况进行有针对性的研究,提出科学而行之有效的恢复方案。

9.2 研究目的和意义

以引汉济渭工程水源区三河口库区消落带为研究对象,最主要的研究目的是对消落带进行植被恢复,恢复消落带的生态系统功能。根据三河口库区消落带的特点和实际情况,结合国内水库消落带生态修复的典型案例筛选出适宜生长的植物品种,从而使水库在满足正常运行的前提下,能与陆地生态系统和水库生态系统协同发展,能够维持物种多样性和动植物生境的质量,有助于保持库区生态平衡和水资源的可持续发展,为筑牢长江上游重要生态屏障作出贡献。

三河口水利枢纽位于整个引汉济渭工程调水线路的中间位置,是整个工程的调蓄中枢。引汉济渭工程势必会对三河口水库的水温结构及生态环境造成影响,因此需要对三河口水库水温结构进行模拟,掌握其现状及施工带来的影响。基于三河口水库水温数据,利用 MIKE 软件搭建水库温度结构模型,在此基础上分析水温分层的水质响应特征,有利于后续对三河口水库水温分层特征和演变规律进行研究(李步东,2019)。掌握三河口水库的水温分层现象的时间及空间分布,对三河口水利枢纽以及临近河流的生态调度有指导意义,同时为汉江上游水生生境的恢复提供数据支撑和理论依据。

9.3　国内外研究进展

9.3.1　国外研究进展

9.3.1.1　消落带修复国外研究进展

对消落带生态研究方向而言,国外较国内开展得更早,研究得更为系统和深入。许多发达国家,如美国和日本等国家的研究人员在早期都进行过比较全面的研究。20 世纪 70 年代,在美国亚利桑那州就举办过一个主题为“河岸栖息地的保护、经营与重要性”的学术研讨会,在研讨会上学者们对河岸栖息地生态系统的基本理论框架及其重要性进行了探讨(周明涛 等,2012)。到了 20 世纪 80 年代,随着人类社会经济的快速发展,人类与土地之间的问题逐渐凸显出来,人类对土地的需求急剧增大而开始对河岸栖息地进行开发利用,耕种开垦使得河岸栖息地面积锐减,同时伴随而来的是这一区域内生物多样性减少、生物的生产力下降、农业面源污染加剧、生态环境恶化等一系列问题。因此,Lieffers (1984)对加拿大阿尔伯塔牛轭湖湖滨挺水植物群落进行了相关的研究,讨论了河岸栖息地生态系统的变化情况。直到 20 世纪 90 年代,随着对河岸栖息地的相关研究逐渐增多和深入,国外学者们开始将其统称为河岸带,而各国的学者也开始逐渐接受并使用河岸带这一名称,对河岸带生态系统的研究也相继展开,人们也逐渐意识到,通过科学合理且行之有效的人为举措对遭到破坏的河岸带生态系统进行恢复和重建是非常有必要的 (Gregory et al.,1991;Hill et al.,1998;Whigham,1999)。

21 世纪初,越来越多的学者已经意识到仅仅依靠在河岸带上种植自然植被来修复受到破坏的河岸带生态系统是不可靠的,一方面植被恢复耗时过长,另一方面消落带也难以恢复到原有状态,由此有学者提出将生物技术与工程措施相结合进行河岸带生态恢复会更加有效。2001 年 11 月,在日本和新西兰举办的生态工程方向的会议上,各国研究专家深入讨论了河岸带发生机制及生态服务功能等问题,并提出了关于未来河岸带的研究方法,指明了其研究方向(Whigham,1999)。从那以后,国外研究人员围绕河岸带开展了一系列的研究,研究内容主要集中在河岸带生态系统的变化(Battaglia et al.,2006;Logez et al.,2016)、河岸带对周边植物和其他生态因子的影响、河岸带植被修复与重建、河岸带作为缓冲带对氮磷的净化机制研究、土地利用对河岸带的影响、河岸带管理与利用、模拟研究等方面(Holmes et al.,2008;Mander et al.,2005)。近年来,河岸带植被恢复与重建取得了不少成果,一些外国学者开始关注植被恢复对河岸带生态系统产生的影响,希望通过不同方向和角度的研究为河岸带的保护与利用提供更多的有效帮助。

对于消落带土地开发利用带来的各种问题,国外学者们认为不合理的人为开发消落带会降低土地的质量,导致土壤中非有机氮、磷和沉积物流失,减少其农业利用价值,减弱生态系统的抗干扰能力,产生一系列严重的生态后果(Poff et al.,1997;Leira et al.,2008)。针对这些伴随土地利用而来的河岸带环境问题,国外学者们提出可以采取有效的土地规划和政策性措施来有效利用和保护河岸带土地资源(Zedler,2000),例如在考虑如何利用之前,先考虑消落带的保护和管理(Malson et al.,2007)。

在消落带植物选择方面,国外专家也对此进行了深入研究。澳大利亚学者通过调查植被组成、密度、配置和种植技术等,从地貌和生态角度指出河流两岸植被重建的重要性(Webb et al.,2013)。Sweeney(2014)在美国马里兰东部消落带研究中,利用沼生栎、北美红栎、白栎、红花和北美鹅掌楸5种乔木搭配自然生长。

9.3.1.2　水温分层模拟国外研究进展

美国、日本和欧洲对水温分层的研究起步较早。自20世纪60年代以来,发展了水库水温数学模型,用于研究水库水温的分布和变化。为了解决水利工程建设引起的生态环境和湖泊水库富营养化问题,美国开展了大量的水库水温研究工作,取得了一系列系统的研究成果,在水温数学模型的建立和应用方面早已走在世界前列。1961~1962年,Raphael提出了一种考虑对流、辐射、传导和蒸发的水库动态热平衡定量计算方法,并应用于哥伦比亚河部分全混合水库,取得了良好的效果(Orlob,1983)。20世纪60年代末,美国水资源工程公司的Orlob和Selna(1970)以及麻省理工学院的Harleman(1982)和Huber(1972)分别提出了WRE模型和MIT模型。这两个模型均以一维对流扩散方程为基础,模型中均包含水库的入流、出流和水体表面与大气的热交换等内容。这两个模型为后来的水库水温数学模型研究奠定了基础。20世纪70年代,日本改进了MIT水温模型,成功应用于分层型水库的水温模拟(安艺周一等,1981)。除以扩散方程为基础的模型外,还有混合型模型。此类模型从能量守恒角度出发,考虑紊动动能的运输,以紊流动能和势能的转化来计算水库垂向水温的变化。Stefan和Ford(1975)提出了MLTM模型,并加以改进,该模型成功应用于3个温带小型湖泊的温度预测。Imberger等(1978)提出了一个适用于中小型水库水温预测的DYRESM模型。

二维数值模型是1986年由美国陆军工程师团水道试验站开发的二维水动力学和水质模型CE-QUAL-W2,具有代表性,也比较成熟(Cole and Wells,2011)。该模型的基础是由Edinger和Buchck(1975)提出的立面二维LARM模型,在该模型之上增加了支流汇入、海湾计算以及水质计算模块。Kuo等(1994)将该模型应用于Te-Chi水库的水温分布的研究,取得了较好的效果;Ma Shengwei等(2008)利用CE-QUAL-W2模拟了Kouris大坝不同取水方案下的水库水温分布,得出深层取水加速了上下层水体的热量传输,并且使温跃层的深度增加的结论。

国外在三维数值模拟技术方面取得了较多成果,如WASP、EFDC、FLUENT、MIKE和DELFT等,这些软件都可以直接或者通过二次开发的方式应用于水库内的三维温度分布研究。

9.3.2 国内研究进展

9.3.2.1 消落带修复国内研究进展

国内的学者最早是在 20 世纪 70 年代开始研究消落带的,受限于当时不够发达的经济社会,所以他们对消落带最开始的研究都集中在怎么对其进行开发和利用,更多关注的是其带来的经济效益。直到 20 世纪 90 年代,一部分人才开始意识到在消落带上进行农业活动,例如耕种和施肥将会造成水土流失与地质灾害、水库水体富营养化等环境问题。由此学者们认识到消落带属于湿地范畴,不应该对其进行开垦,提出通过构建挺水树木林对消落带进行保护的对策(江刘其 等,1992),但是当时主要的研究依然集中在开发利用消落带的资源获得利益。

关于消落带的分类,国外学者对其类型划分的研究比较少,而国内学者则大多是以消落带的形成原因、消落带的地貌、人类对消落带的开发利用活动和影响程度等来进行划分的。王勇等(2005)将消落带按其成因分为自然消落带和人工消落带。张虹等(2005)基于 RS 和 GIS 技术,以三峡水库开县消落区为例,按其生态特点将其分为三类:库尾消落区、松软堆积缓坡平坝型消落区以及硬岩陡坡型消落区;在考虑人类活动对消落带产生影响的情况下,谢德体等(2007)将消落区划分为城镇消落区、农村消落区、库中岛屿消落区和受人类活动影响的消落区四大类型。

国内关于消落带研究的另一重点是三峡水库消落带的土地利用模式和管理方式。总体上三峡库区消落带形成后,可能的土地利用保护模式主要有四种:直接利用模式、生态保护区模式、生态试验示范区建设模式和消落带护理建设模式(袁辉 等,2006)。从总体上来讲,目前对于消落带土地利用方式的研究成果与生态建设需要的实践应用技术之间还存在一定的差距。

进行消落带生态修复最需要解决的关键问题之一是适生植物的遴选(王晓荣 等,2010;陈忠礼,2011),要筛选出大量能够适应消落带新的并且十分恶劣的生态环境的植物种类,同时这也是当前研究的热点和难点。目前,适生植物的筛选研究和试验主要集中在三峡水库。此外,对丹江口水库、新安江水库和华南地区的一些水库也做了相当多的研究(王强 等,2009;杨朝东 等,2008)。研究人员针对三峡水库消落带的特点,在调查其地形地貌、土壤特性和物种组成的基础上,开展了消落带适生植物的遴选、耐淹耐旱机制研究和消落带植被恢复应用技术体系研究等(卢志军 等,2010;罗芳丽 等,2008)。

江刘其等(1992)的初步试验结果表明垂柳、池杉和落羽杉都较耐水淹,在整棵被淹没后,垂柳存活率有所下降,而池杉和落羽杉则不受影响继续生长,因此可以考虑将其列为水库消落带防护林的建设树种。陈芳清等(2008)通过模拟水淹试验,研究了水蓼幼苗和秋华柳幼苗对水淹的适应能力及其适应机制,经过试验发现秋华柳幼苗即使在水淹根部 180 d 的条件下存活率仍为 100%,提出秋华柳可以作为三峡水库消落带植被恢复与重建的先锋物种。李昌晓等(2005)通过模拟三峡水库消落带土壤水分的变化特征,研究池杉和落羽杉的耐淹能力,发现经过 30 d 的试验,池杉与落羽杉的生长状况均良好,但落羽杉合成光合色素的速率远不如池杉。张小萍等(2008)和王海锋等(2008)从空心莲子草、香附子、香根草、野古草、狗牙根、地瓜藤、荻和牛鞭草中,筛选出了 150 d 全淹处理下存活率为 100% 和在 180 d 全淹处理下存活率为 87.5% 的香根草、180 d 全淹条件下存活率为 100% 的香附子、180 d 全淹条件下存活率为 100% 的狗牙根、120 d 和 180 d 全淹处理下存活率均为 90% 的牛鞭草。冯大兰等(2006)通过分析三峡库区消落带的生态环境问题,预测了芦苇在库区的应用前景,即通过种植芦苇,可以防止消落带水土流失和水体富营养化等问题,同时合理利用芦苇资源还可以增加库区周边居民的经济收入,加快库区周边农村的经济建设。

在水库库区消落带的生态修复研究上,越来越多的学者已经认识到了仅仅依靠生物措施不足以解决所有的生态环境问题,必须采用将生物措施和工程措施相结合的手段,因此很多学者在消落带生态修复工程技术上做了相当多的研究。戴方喜等(2006)通过对消落带的特征及其植被的作用研究,提出了库区消落带梯度生态修复概念,为构建健康的库区生态系统提供了一种新的思路。吴江涛等(2007)在水库消落带内为植物生长构筑适合的立地条件和生态环境,提出了防冲刷基材生态护坡技术、防冲刷生态型护坡构件、燕窝植生穴 3 种库区消落带植被生境构筑的方法。张光富等(2007)根据三峡水库开县段消落带的具体特征,提出了开县前置库消落带的生态恢复应遵循工程措施与生物措施相结合、植被恢复为先导和生态位分化的原则。

由此可知,今后研究的主要方向为:将植被配置模式作为消落带生态重建的切入点和关注点,同时运用生物措施和工程手段相结合的方法,综合分析消落带植被恢复的影响因素,找出有针对性且科学而行之有效的解决办法和技术手段。

9.3.2.2 水温分层模拟国内研究进展

1981 年,水利科学研究院冷却水研究所引进了美国的通用水温预报模型 WITFMP,加以改进后提出了"湖温一号"模型,用于对温排水的研究。垂向一维水温模型在我国广泛使用并被不断改进和补充。钱小蓉等(1997)对东江水库、戚琪等(2007)对丹江口水库、李西京等(1994)对黑河水库、蒋红(1999)对溪洛渡水库、陈永灿等(1998)对密云水库均采用了一维方法进行水库垂向水温分布的计算。

二维模型研究方面,自 20 世纪 90 年代开始起步,陈小红等(1992)建立了立面二维紊流模型,考虑了水流运动与水温水质分布的相互影响,模拟了红枫湖的水温分布;邓云等(2004)建立了计入浮力影响的立面二维水温数学模型,对二滩水库水温进行了模拟;冯民权(2003)建立了立面二维水质数学模型,模拟了糯扎渡水库的水温分布。熊伟一等(2005)对三峡水库的水温进行模拟。江春波等(2000)建立了河道立面二维非恒定水温及污染物分布预报模型。

进入 21 世纪后,水温三维数值模拟有了长足的发展。李凯(2005)应用包含零方程的紊流模型的三维模型对三峡水库近坝区水温水流状况进行了模拟。马方凯等(2007)利用大涡模拟,计算了三峡库区的温度场。李冰冻等(2007)利用剪切应力输运的湍流数学模型,模拟了水库冷热水密度差引起的浮力流引起的温度分层,研究了水库中密度下温度分层和地下水流的流动细节。任华堂等(2007)运用三维模型采用算子分裂法模拟大型水库水温分层,其试验结果得到二滩水库实测数据的验证。邓云等(2004)数值模拟了锦屏一级电站单层取水和叠梁门取水方案下的库区水温结构和坝下水温过程,分析叠梁门对坝下水温的改善效果。杨大超等(2013)采用三维水动力-水温数学模型,针对 5 种不同取水口高程进行了取水口高程对水库水温结构的影响研究。

我国对水库水温分布特征的研究始于20世纪70年代。国内学者在综合分析大量实测数据的基础上,提出了许多简单实用的水库水温估算经验公式(吴中如 等,1984)。张大发法(张大发,1984)是东北勘测设计院张大发在总结国内实测水温资料的前提下,先根据气温水温相关法或纬度水温相关法获取水库表层及底层的水温,再计算得出各月水库内垂向水温分布。朱伯芳法是朱伯芳(1985)提出的关于库表水温、库底水温、水温垂向分布的估算方法。但上述方法精度有限,为满足更高精度的要求,需要借助更为精细的数学模型方法。

9.4　研究内容

以三河口水库消落带为研究对象,进行消落带绿化植物选择与配置研究,主要研究内容如下:

(1)以三河口水库蓄水后水质预测结果为基础,对三河口水库进行富营养化预测,判断库区水体有无富营养化的可能,为制定消落带生态修复原则提供依据。

(2)根据蓄水运行后库区水位变化情况和库区污染情况确定生态修复原则,根据库区消落带出露情况将消落带分区,并根据生态修复原则提出对应的植被修复模式,以便达到较好的恢复效果。

(3)通过查阅文献和Meta分析,筛选出能耐水淹又能在三河口库区所在地生长的适生植物;根据筛选得到的植物的水淹特性,对消落带各分区进行植被配置,在此基础上,进一步提出库区消落带地上植被管理利用方案,减小库区水体富营养化的可能性。

(4)收集三河口水库库区地形数据及水文气象数据,包括入库流量、出库流量、库区水位、气温等。并根据实地调研情况,对可使用的有效数据进行凝练整理,建立地陆地边界和水下地形;基于三河口水库各项数据建立三维水动力模型。用ArcGIS软件对三河口水库地形数据进行提取和插值,提取水下地形数据和流域边界数据,并利用MIKE软件进行数据的前期处理工作,在此基础上搭建三河口库区水动力模型。

(5)库区水温模型的搭建。在水动力模型的基础上增添温盐模块,根据实测数据以及水库运行调度情况进行水温模型的建立。并在此基础上,通过调整模型的敏感性参数对模型进行率定,据此验证模拟结果的精确性。对三河口水库水温分层的时空变化情况展开研究,分析其季节性的变化规律以及水库运行调度对库区水温分层的影响,探讨在建坝后对库区水温分层的影响情况。

10 工程概况

10.1 汉江流域概况

10.1.1 汉江自然地理概况

汉江是长江中游的重要支流,发源于秦岭南麓,干流流经陕西和湖北两省,于武汉市汇入长江,干流全长 1 577 km,流域集水面积约 15.9 万 km²。

流域降水主要来源于东南和西南两股暖湿气流。多年平均降水量为 700~1 100 mm,其中上游 800~1 200 mm,中游 700~900 mm,下游 900~1 200 mm。降水年内分配不均匀,总趋势由南向北、由西向东递减。汛期出现时间:白河上游为 5~10 月;白河下游为 4~9 月。汛期降水占全年降水的 75%~80%,年降水量的变差系数 C_v 为 0.20~0.25。

流域内多年平均气温 12~16 ℃,月平均最高气温发生在 7 月,其变幅为 24~29 ℃;月平均最低气温发生在 1 月,其变幅为 0~3 ℃。极端最高气温在 40 ℃ 以上,极端最低气温为 −17~−10 ℃。气候具有明显的季节性。各地区最低气温小于 0 ℃ 的日数在 42~70 d。流域内水面蒸发变化在 700~1 100 mm,其分布趋势大致由西南向东北递增。

汉江上游径流量主要由降水补给,主要集中在 5~10 月。受大气环流和地形条件影响,汉江上游降水量呈现地区分布不均匀、年内年际变化大等特点。汉江上游年径流地区分布规律和年降水量分布大体上是一致的,即汉江南岸大于汉江北岸,平川段径流深最小,一般在 300 mm 以下。

10.1.2 汉江陕西段水生植物

汉江上游石泉段以上受水位波动和降水等因素影响较小,水生植物群落均匀度变化较小;在上游石泉段以下,由于受石泉水库、喜河水库及安康水库等因素的影响,水生植物群落均匀度变化较大。

在汉江上游汉中至洋县境内江段,主要以竹叶眼子菜(*Potamogeton malaianus*)、狐尾藻(*Myriophyllum verticillatum*)、篦齿眼子菜(*Potamogeton pectinatus*)、线叶眼子菜(*Potarmogeton pusillus*)、黑藻(*Hydrilla verticillata*)、菹草(*Potamogeton crispus*)、金鱼藻(*Ceratopteris demersum*)等沉水植物为主。在浅水区有香蒲(*Typha orientalis*)、芦苇(*Phragmites communis*)等挺水植物,沉水植物有竹叶眼子菜、狐尾藻、篦齿眼子菜、金鱼藻、苦草(*Vallisneria natans*)等形成多种群落类型,在敞水区主要是竹叶眼子菜、狐尾藻等形成"匍匐挺水"状态生长。在该江段多样性较高、物种分布比较均匀,群落生物量较大。

上游江段主要形成了以篦齿眼子菜、竹叶眼子菜、狐尾藻等对水深、水流和水质状况等都具有较高耐受能力的沉水植物为主的各种群落类型,而浮叶植物和挺水植物仅分布于河流洄水湾及河汊等处。常常只有少量湿生型植物如喜旱莲子草(*Alternanthera philoxeroides*)、沿沟草(*Catabrosa aquatica*)、水蓼(*Polygonum hydropiper*)及漂浮植物如浮萍(*Duckweed*)、槐叶苹(*Salvinia natans*)等在洄水湾及遗留水塘等地生长。

10.2 三河口水利枢纽

10.2.1 工程规模

三河口水利枢纽位于佛坪县与宁陕县境交界、汉江一级支流子午河中游峡谷段,其坝址位于大河坝乡三河口村下游约 2 km 处,位置示意图见图 10-1。公路里程北距西安市约 170 km,南距汉中市约 120 km,东距安康市约 140 km,北距佛坪县城约 36 km,东距宁陕县城约 55 km,南距安康市石泉县城约 53 km,西离洋县县城约 60 km。三河口水利枢纽主要由拦河大坝、泄洪放空系统、供水系统和连接洞等水工建筑物组成。水库正常蓄水位为 643 m,死水位为 558 m;总库容为 7.1 亿 m³,调节库容 6.5 亿 m³,死库容 0.23 亿 m³;设计抽水流量为 18 m³/s,发电引水设计流量为 72.71 m³/s,抽水采用 2 台可逆式机组,发电除采用 2 台常规水轮发电机组外,还与抽水共用 2 台可逆式机组。发电总装机容量为 64 MW,其中常规水轮发电机组 40 MW,可逆式机组 24 MW,年平均抽水量 0.59 亿 m³,年平均发电量 1.325 kW·h;引水(送入输水洞)设计最大流量 70 m³/s,下游生态放水设计流量 2.71 m³/s。

枢纽大坝为碾压混凝土拱坝,最大坝高 145 m,按 1 级建筑物设计,引水、泄水建筑物为 2 级建筑物,次要建筑按 3 级设计,临时建筑物为 4 级建筑物;大坝按Ⅶ度地震设防,其他建筑物按Ⅵ度地震设防,地震峰值加速度 0.146g,地震动反应谱特征周期为 0.57 s。枢纽大坝设计洪水标准为 500 年一遇,校核洪水标准为 2 000 年一遇,抽水发电系统及连接洞按 100 年一遇洪水标准设计,200 年一遇洪水标准校核;大坝下游消能防冲建筑物按 50 年一遇洪水设计。

10.2.2 水文

10.2.2.1 水文及雨量站点

子午河为汉江北岸的一级支流,干流上设有两河口水文站,控制流域面积 2 816 km²,与子午河相邻的酉水河流域设有酉水街水文站,控制流域面积 911 km²,同为汉江北岸一级支流的湑水河设有升仙村水文站,控制流域面积 2 143 km²。子午河流域还设有四亩地、钢铁、筒车湾、龙草坪、火地塘、十亩地、新厂街、菜子坪、黄草坪、兴坪等雨量站。上述水文站、雨量站有 50 年以上的水位、流量、泥沙、降水、蒸发等整编资料,满足本工程水文分析计算要求。

10.2.2.2 径流

三河口水利枢纽坝址以上控制流域面积 2 186 km²,占子午河全流域面积的 72.6%,多年平均降水量 891 mm。坝址的年径流是将两河口水文站年径流按面积比拟法采用降水修正计算得到。考虑与引汉济渭工程汉江干流黄金峡坝址径流系列同步,利用邻近流

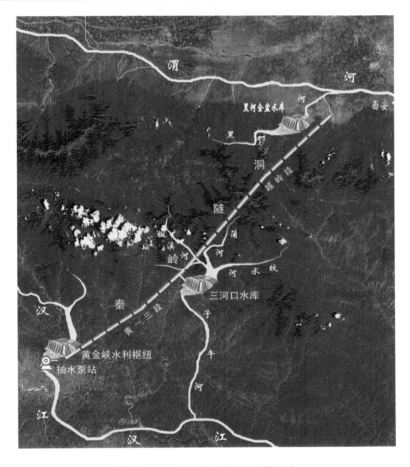

图 10-1　三河口水利枢纽位置示意

域径流资料将两河口站径流资料插补延长,插补延长后径流资料系列年限为 1954~2010年,共 56 年。计算得到三河口水利枢纽坝址处多年平均径流量为 8.70 亿 m^3。

10.2.2.3　洪水

　　两河口水文站有 1963 年以来 48 年的洪水实测资料,有关单位不同时期分别进行了历史洪水调查工作,本阶段经对实测资料和历史洪水调查成果的复核分析,得到两河口水文站不同频率洪峰流量、时段洪量。三河口水利枢纽坝址的设计洪峰流量和时段洪量是将两河口水文站的设计洪峰流量和时段洪量按面积比拟法推算得到的,计算得到三河口坝址不同频率的洪峰流量、时段洪量。

10.2.3　土壤植被

　　工程区土壤类型主要有黄棕壤、黄褐土、石质土、水稻土、潮土、新积土等 6 个土类,15个亚类 35 个土属。黄棕壤分布于海拔 1 000~1 500 m 的山地;黄褐土是秦岭低山丘陵坡地区主要土壤;淤土、潮土、水稻土、石质土为该区各种外营力作用形成的非地带性土壤,分布于河谷沿岸,面积少。

三河口枢纽工程区植被以阔叶林和灌丛及灌草丛、农田为主,河滩边有人工种植的意杨林(*Populus deltoides*)。阔叶林以白桦林(*Betula platyphylla*)、香椿(*Toona sinensis*)、青冈栎林(*Cyclobalanopsis glauca*)等为主,灌丛和灌草丛以小果蔷薇(*Rosa cymosa* Tratt)灌丛、白茅[*Imperata cylindrical*(L.)Beauv]灌草丛为主。

水库蓄水将提高库区水生维管束植物的生物量;回水区近岸水域水质变差,有利于藻类的生长,但不利于水生植物的生长。由于水生维管束植物群落自然发展的速度较慢,在蓄水初期不会有较大数量的增加。但库区水生维管束植物总体表现为数量、生物量及多样性增加的趋势。

10.2.4 三河口水利枢纽功能

10.2.4.1 供水功能

三河口水库是引汉济渭工程的重要水源地,这项工程调水 10 亿 m^3(多年平均)时,多年平均在黄金峡水库断面调水 5.55 亿 m^3,在三河口水库断面调水 4.53 亿 m^3,共同满足调水 10 亿 m^3 的任务要求;调水 15 亿 m^3(多年平均)时,多年平均在黄金峡水库断面调水 9.69 亿 m^3,在三河口水库断面调水 5.46 亿 m^3,共同满足调水 15 亿 m^3 的任务要求。

10.2.4.2 调蓄功能

当黄金峡泵站的抽水流量小于受水区需水要求时,三河口水库则通过连接洞补充供水至秦岭隧洞,在黄金峡不抽水的时段,全部需水由三河口水库供水至秦岭隧洞;当黄金峡泵站抽水流量大于受水区需水要求时,由三河口泵站通过连接洞抽水入三河口水库存蓄多余的水量;当黄金峡泵站抽水流量等于受水区需水要求时,泵站抽水直接到秦岭隧洞至黄池沟。

10.2.4.3 发电功能

在满足三河口水库调水与工程防洪的条件下,坝后电站利用水库供水、下放的生态水量、下泄水量以及筑坝抬高的库水位与电站尾水之间的落差进行发电。

10.2.4.4 下游综合用水要求

根据不同方法计算三河口坝址下游生态基流为 2.71 m^3/s。

修建三河口水库后,影响河段主要是坝址—堰坪河入河口段,河道长度约 20.3 km,区间除河道内生态用水外,干流无其他用水要求。

10.3 研究区域范围

三河口水库回水淹没范围涉及陕西省宁陕县,库区上游左岸有椒溪河、蒲河和汶水河等支流汇入。该水库是整个引汉济渭工程中具有较大水量调节能力的核心项目,承担供水、调蓄、发电以及满足下游综合用水要求等多项任务。

根据三河口水库的蓄水运用方式,水库水位在正常蓄水位 643 m 至库正常运行死水位 558.0 m、特枯年运行死水位 544.0 m 之间变动。研究区域范围从三河口坝址到水库库尾段。研究区域范围见图 10-2。

图 10-2　研究区域范围

10.4　小　结

　　本章介绍了汉江流域和三河口水库的概况,包括汉江流域的自然地理概况和汉江陕西段水生植物情况,以及三河口水利枢纽的工程规模、水文和土壤植被等,给出了研究区域范围。

11 消落带生态修复模式

11.1 三河口水库富营养化预测

三河口水库运行后,两河口断面水质仍能维持现状水质类别,工程运行对石泉县两河口镇取水口水质影响不大。对水源工程库区支流水质造成影响的主要是面源污染。库周耕地面积较少,评价范围内面源污染不会有明显的增加。至规划水平年,支流总体水质状况相对现状会有所改善。

大坝建成后,原本的陆生生态变成脆弱的水生生态或水陆交叉生态系统,水位消涨形成的水库消落带对污染物的拦截和过滤功能基本丧失,更多的污染物将进入水体,并且随着库区内水流速度的减缓,库区内的水体自净能力将会降低,很有可能导致水库富营养化程度加重。基于三河口库区 2025 年污染源预测和污染负荷结果,对三河口水库进行富营养化预测。

11.1.1 模型选择与参数确定

11.1.1.1 模型选择

三河口水库富营养化预测采用狄龙(Dillon)模型。

$$c = \frac{E \times (1 - R)}{H \times \rho} \tag{11-1}$$

式中:c 为水库水体中氮、磷浓度,mg/L;E 为水库单位面积氮、磷负荷量,g/m²;R 为氮、磷滞留系数;H 为水库平均深度,m;ρ 为水力冲刷系数。

11.1.1.2 参数确定

水库单位面积氮、磷负荷量 E 的计算公式如下:

$$E = \frac{Q_{in} \times P_{in}}{A} \tag{11-2}$$

氮、磷滞留系数 R 的计算公式如下:

$$R = 0.426 e^{-0.271Q_i} + 0.547 e^{-0.00949Q_i} \tag{11-3}$$

其中

$$Q_i = \frac{Q}{A} \tag{11-4}$$

水力冲刷系数 ρ 计算公式如下:

$$\rho = \frac{Q}{V} \tag{11-5}$$

式中:Q_{in} 为入流流量,m³/s;P_{in} 为输入水库的总磷、总氮浓度,mg/L;A 为水库表面积,

m²;Q_i 为单位面积水量负荷,m;Q 为入库水量,m³;V 为水库库容,m³。

11.1.2 预测结果与分析

11.1.2.1 预测结果

经预测,三河口水库建成后,高锰酸盐指数、总磷、总氮浓度均能达到《地表水环境质量标准》(GB 3838—2002)Ⅱ类水质标准。预测结果见表 11-1。

表 11-1 三河口水库各指标预测结果

断面	水期	高锰酸盐指数	总磷/(mg/L)	总氮/(mg/L)
库区	枯水期	0.30	0.002	—
	丰水期	0.45	0.004	—
蒲河	枯水期	0.25	0.003	0.03
	丰水期	0.32	0.004	—
汶水河	枯水期	0.27	0.020	0.02
	丰水期	0.56	0.030	—
椒溪河	枯水期	0.32	0.010	0.04
	丰水期	0.54	0.030	—

11.1.2.2 富营养化评价分析

参照湖泊(水库)营养状态评价标准(见表 11-2),三河口水库全年为贫营养状态。水库运行期出现整体富营养化的可能性不大,但水库死水区、库汊的水体以及支流在夏季适宜条件下不排除有富营养化的可能。

表 11-2 湖泊(水库)营养状态评价标准

营养状态	指数	总磷/(mg/L)	总氮/(mg/L)	高锰酸盐指数	透明度/m
贫	10	0.001	0.02	0.15	10.00
	20	0.004	0.05	0.40	5.00
中	30	0.010	0.10	1.00	3.00
	40	0.025	0.30	2.00	1.50
	50	0.050	0.50	4.00	1.00
富	60	0.100	1.00	8.00	0.50
	70	0.200	2.00	10.00	0.40
	80	0.600	6.00	25.00	0.30
	90	0.900	9.00	40.00	0.20
	100	1.300	16.00	60.00	0.12

11 消落带生态修复模式

99

三河口水库为多年调节水库,蒲河、汶水河回水区水体流动缓慢,夏季水温较高。分析认为,三河口水库运行期出现整体富营养化的可能性不大,但由于水体总磷、总氮本底浓度较高,加上水库蓄水初期被淹植物残体氮、磷的释放,在水库蓄水后的 3～5 年内,水库中死水区、库汊的水体,不排除出现富营养化的可能。另外,若直接容纳较多面源排放的污染物,会出现水质变差、有机污染物及营养物浓度增加的趋势,夏季适宜条件下有富营养化的可能。

11.2　消落带生态修复原则

11.2.1　水位高低决定生态修复的植物种类

根据 2025 年引汉济渭调水后三河口库区多年平均水位情况(见表 11-3),把消落带划分为 3 个不同区域:消落带下部(水位 558～635 m)为经常性水淹区域,距水面深度 8～85 m,受库水淹没时间长,出露时间较短,不容易遭受干旱影响;消落带中部(635～640 m)为半露半淹区域,距水面深度 3～8 m,会周期性遭受水淹和干旱;消落带上部(640～643 m)为经常性出露区域,距水面深度 0～3 m,出露时间长,易处于干旱状态。

表 11-3　2025 年引汉济渭调水后三河口库区多年平均水位情况

月份	1	2	3	4	5	6
现状/m	615	614	614	614	614	614
调水后/m	633	633	633	633	633	633
月份	7	8	9	10	11	12
现状/m	619	620	620	621	620	618
调水后/m	635	636	638	639	637	634

一般植物的生长期集中在春夏 3～7 月,因此高程 635～640 m 和 640～643 m 消落带区域内的植物在生长期基本不受水淹的影响,即高程在 635 m 以上消落带可以种植较耐水淹的灌木和乔木树种;而高程在 558～635 m 的消落带,植物在生长期会长期受到水库淹没的影响,比较适宜种植极耐水淹的草本植物。

11.2.2　库区污染情况决定是否选择净水植物

根据三河口水库富营养化预测结果以及分析可知,在水库运行之后库区水体有富营养化的可能,而一个健康的水库消落带生态系统可以有效地拦截和吸收进入库区的污染物质。所以,在这种情况下选择消落带生态修复的植被时,就要考虑三河口水库库区在运行期间可能出现的污染情况而进行植被的选择与配置。

11.3 消落带分区以及生态修复模式

针对以上生态修复原则,可以将三河口水库消落带分为 3 个区域:消落带下部(高程为 558~635 m)、消落带中部(高程为 635~640 m)、消落带上部(高程为 640~643 m)。对应提出 3 种生态修复模式:耐淹草本修复模式、水生植物+耐淹灌草修复模式、耐淹乔灌草修复模式。

耐淹草本修复模式通过种植多种耐淹的草本,可以提高区域植被覆盖率和防治水土流失,如图 11-1 所示。

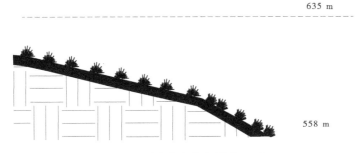

图 11-1 耐淹草本修复模式(下部)

水生植物+耐淹灌草修复模式通过构建不同种类的灌木和草本植被,可以提高消落带区域的生物多样性,防治水土流失,增加水生植物吸收水质中的氮、磷等营养物质,使水质保持在良好的状态,避免出现富营养化的可能,如图 11-2 所示。

图 11-2 水生植物+耐淹灌草修复模式(中部)

耐淹乔灌草修复模式通过构造多层次的乔木、灌木和草本植物,可以发挥植被的景观绿化美化作用、生物多样性和治理水土流失的作用,如图 11-3 所示。

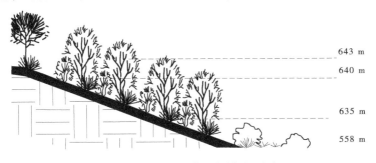

图 11-3 耐淹乔灌草修复模式(上部)

11.4 小 结

（1）基于三河口水库蓄水后水质预测结果,对三河口水库进行富营养化预测,结果表明三河口水库全年为贫营养状态。水库运行期出现整体富营养化的可能性不大,但水库死水区、库汉的水体以及支流在夏季适宜条件下不排除有富营养化的可能。

（2）根据蓄水运行后库区水位情况和库区污染情况确定生态修复原则,由水位高低决定生态修复的植物种类,由污染情况决定是否选择净水植物。

（3）根据库区调度规则和消落带出露情况,将消落带分为上、中、下三区,分别提出了耐淹乔灌草修复模式、水生植物+耐淹灌草修复模式、耐淹草本修复模式。

12 生态修复植物选择

12.1 植物筛选原则

运用恢复生态学的物种耐性原理和生态适应性原理,根据三河口水库消落带生态修复需求,提出以下植物筛选原则:

(1)多年生。三河口水库每年周期性蓄水、泄洪,消落带区域会被反复淹没,所以一年生或两年生植物由于其繁殖特点,不适合种植在消落带上用于生态修复,应该尽量多地选择多年生植物,辅以适应力强的一年生植物。

(2)乡土物种。所选植物尽量为能适应库区水位变幅的两栖乡土物种,当本地物种难以在短时间内适应这种变化了的生境时,考虑恢复的时效性,采用乡土植物和外来适生植物有机结合的方式。

(3)耐淹耐旱。三河口水库消落带不同高程区域每年淹没和出露时间不一,消落带下部淹没时间最长,消落带上部则持续出露。因此,三河口水库消落带植被重建应该选择耐淹耐旱能力强,并且在露出水面时能快速生长繁殖的植物。

(4)根系发达、固岸护坡能力强。三河口水库消落带在库区波浪和降水形成的坡面径流的冲刷下,水土流失严重,土层厚度降低,因此应选择根系发达且固岸护坡能力强的植物。

(5)去污能力强。植物应该具有较强拦截污染物和富集污染物的能力,能有效防止库区水质富营养化。

12.2 耐淹草本、灌木和乔木选择

12.2.1 耐淹草本选择

根据前人做过的一系列研究和植被淹水试验,表12-1统计出了国内近几年在各大水库如三峡、丹江口、隔河岩、新安江、新丰江、梅山和乌东德等水库选择应用的草本植物种类、应用效果以及应用次数,这些水库都属于亚热带季风性气候,与三河口水库气候类型相同。

表 12-1　国内消落带植被恢复工程中选择的主要草本植物

名称	生活型	最佳应用效果	应用地区	主要应用 消落带区段	应用 次数
狗牙根	多年生	水淹 7 个月存活率为 100%	全国各地	淹水深度 20 m	16
		水淹–干旱交替 7 个月 存活率 88%		淹水深度 2 m	
香根草	多年生	水淹 5 个月存活率 100%	华中、华南、 西南地区	淹水深度 9 m	9
		水淹–干旱交替 7 个月 存活率 88%		淹水深度 1.5 m	
百喜草	多年生	水淹 4 个月存活率 80%	华中、西南地区	淹水深度 1~1.5 m	3
		水淹–干旱交替 7 个月 存活率 90%		淹水深度 1.5 m	
蓉草	多年生	水淹 4 个月存活率 70%	华中、华南、 西南地区	淹水深度 1~1.5 m	2
		水淹–干旱交替 7 个月 存活率 70%		淹水深度 1.5 m	
香附子	一年生	水淹 4 个月存活率 100%	华中地区	淹水深度 5 m	7
双穗雀稗	多年生	水淹 7 个月存活率 83%	华中、西南地区	淹水深度 15 m	5
牛鞭草	多年生	水淹 5 个月存活率 90%	华中、西南地区	淹水深度 2 m	7
硬杆子草	多年生	水淹 7 个月存活率 80%	华中地区	淹水深度 15 m	3
李氏禾	多年生	水淹 10 个月后 出水长势良好	华南地区	淹水深度 10 m	3
芦苇	多年生	水淹 6 个月后出水， 50 d 恢复正常生长	华中、华南地区	淹水深度 20 m	5
菖蒲	多年生	水淹 6 个月后 存活率 100%	华中地区	淹水深度 1 m	2

　　由表 12-1 可以看出,国内水库消落带植被恢复研究中应用过的草本植物种类比较多,基于三河口水库消落带植被选择原则,考虑植物在本地的适生性,筛选出了狗牙根、双穗雀稗、香附子等低草以及香根草三河口库区消落带适生耐淹草本植物,见图 12-1~图 12-4。

图 12-1　狗牙根

图 12-2　双穗雀稗

图 12-3　香附子

图 12-4　香根草

12.2.2　耐淹灌木选择

表 12-2 统计出了国内近几年在各大水库选择应用的灌木植物种类、应用效果以及在消落带植被恢复方向的应用次数。

表 12-2　国内消落带植被恢复工程中选择的主要灌木植物

名称	最佳应用效果	应用地区	主要应用消落带区段	应用次数
秋华柳	水淹 4 个月存活率 100%	华中、西南地区	淹水深度 3 m	6
小桤木	水淹 3 个月存活率 90%	华中、西南地区	淹水深度 3 m	5
黄槿	水淹 45 d 存活率 100%	华南地区	淹水深度 0~1.71 m	3
火棘	水淹 45 d 存活率 90%	华中、西南地区	几乎无水淹	2

因此,选择极耐淹的秋华柳和较耐淹的小桤木作为三河口水库消落带生态修复的灌木植被,见图 12-5、图 12-6。

图 12-5　秋华柳

图 12-6 小梾木

12.2.3 耐淹乔木选择

表 12-3 统计出了国内近几年在各大水库选择应用的乔木植物种类、应用效果以及在消落带植被恢复方向的应用次数。

表 12-3 国内消落带植被恢复工程中选择的主要乔木植物

名称	最佳应用效果	应用地区	主要应用消落带区段	应用次数
意杨	水淹-干旱自然交替 8 个月存活率93%	华中、西南地区	淹水深度 2.7~4.8 m	4
饲料桑	水淹-干旱自然交替 8 个月存活率90%	华中、西南地区	淹水深度 0.3~2.4 m	4
旱柳	水淹 4 个月存活率100%	华中、西南地区	淹水深度 2 m	5
垂柳	水淹-干旱自然交替 8 个月存活率50%	华中、西南地区	淹水深度 1.1~4.6 m	3
中山杉	水淹 5 个月存活率100%	华中、华南地区	淹水深度 12 m	2

由于三河口库区消落带上部水淹深度较浅,最高为 3 m,因此可以选择三河口枢纽工程区常见的旱柳和意杨,见图 12-7、图 12-8。

图 12-7　旱柳

图 12-8　意杨

12.3　水生植物选择

12.3.1　水生植物初选

　　日益严峻的江河湖泊等水体富营养化问题受到人们越来越多的关注,而选择用水生植物来防治水体富营养化问题具有效果显著、成本低以及景观效果好等优点。目前,国内对一些水生植物的去污能力研究多应用在人工湿地中,研究较多且对污水净化能力较强的水生植物有香蒲、石菖蒲、黄菖蒲、芦苇、千屈菜、鸢尾、美人蕉、水葱、茭白和再力花等。但通过查阅资料发现,鸢尾喜湿不耐涝,茭白和再力花不耐干旱,因此应综合考虑植物的适生性和耐涝耐旱能力,本书初步筛选出黄菖蒲、石菖蒲、香蒲、水葱、芦苇、美人蕉和千屈菜7种水生植物作为进一步研究的对象。

根据胡萃等(2011)的研究结果,在一定浓度范围内,随着污水污染浓度的提高,水生植物去除污染物的速度会加快,去除效率也会提高,但一旦超过一定的阈值,去除效率将会有所下降。不同学者在水生植物对污水的净化效果的试验中,入流污水浓度不尽相同,所研究植物的净化效率就存在比较大的差异。为了比较好地衡量哪种水生植物的去污能力较好,本书采用 Meta 分析方法,综合分析各个学者的试验结果,比较研究这7种植物在中浓度和高浓度污染下对总氮(TN)和总磷(TP)两种水质指标的去除率效应值。

12.3.2　Meta 分析

12.3.2.1　方法

目前 Meta 分析在生态学领域中应用比较多的效应值是反应比 $\ln R$,反应比 $\ln R$ 比 Glass 估计值和 Hedges 估计值 d 具有更强的适用性。研究选择类似于反应比 $\ln R$ 的去除率 r 作为效应值来表征水生植物对总氮和总磷的净化能力,计算如式(12-1)所示。

$$r = \frac{c_0 - c_e}{c_0} \times 100\%　(12\text{-}1)$$

式中:c_0 为污水的入流浓度,mg/L;c_e 为污水的出流浓度,mg/L。

计算综合效应值的模型有固定效应模型和随机效应模型两种,通常采用卡方检验判断效应值的异质性来决定采用不同的模型。

固定效应模型综合效应值计算公式:

$$R = \frac{\sum W_i r_i}{\sum W_i}　(12\text{-}2)$$

式中:r_i 为单项研究的效应值;W_i 为每项研究的权重。

随机效应模型综合效应值计算公式:

$$R = \frac{\sum W_i^* r_i}{\sum W_i^*}　(12\text{-}3)$$

$$W_i^* = \left(D + \frac{1}{W_i}\right)^{-1}　(12\text{-}4)$$

$$D = \frac{Q - (K - 1)}{\left(\sum W_i - \frac{\sum W_i^*}{\sum W_i}\right)}　(12\text{-}5)$$

采用 Excel 2016 记录采集到的数据,用 MetaWin 和 OpenMEE 软件进行数据处理。

12.3.2.2　数据处理

本书选用"湿地植物""水生植物""去污""净化污水"等关键词在几种中文数据库中

进行检索,筛选出 1990~2018 年符合以下条件的文章:

(1)数据资料必须来源于试验研究,至少包含一种候选的水生植物,以及 TN 和 TP 两种水质指标中的一种。

(2)数据资料中必须有人工湿地或模拟湿地水质指标的入流浓度或出流浓度和某种植物相应的去除率,并且试验采用的入流水质污染程度需是中浓度(TN:2.00~20.00 mg/L,TP:0.40~1.00 mg/L)或高浓度(TN:20.00~40.00 mg/L,TP:1.00~2.00 mg/L)。

(3)每项试验研究的平均值和标准差(或标准误差)均在文献中以具体数值或图表形式给出。

(4)用于 Meta 分析的每个试验都必须是独立的,因此重复报道的数据只选取一次,对每个独立研究中的每种植物的处理只能使用 1 个测量值。

通过以上条件的筛选,共有 20 篇文献符合要求,记录植物种类和种植方式、水质指标、试验规模、试验时间、水力停留时间等主要指标。

12.3.2.3 结果与讨论

1.7 种水生植物对 TN 的净化效果

分别计算各个案例不同水生植物对 TN 的去除率效应值,并对各效应值进行异质性检验。异质性计算结果表明,7 种水生植物对 TN 的去除率效应值均具有异质性(卡方检验 $P<0.05$),所以采用随机效应模型计算综合效应值,并计算得到 95% 置信区间。7 种水生植物对 TN 的去除率效应值见表 12-4,绘制的森林图见图 12-9。

表 12-4 7 种水生植物对 TN 的去除率效应值

植物种类	综合效应值/%	自由度	95%置信区间/%
黄菖蒲	61.5	5	(47.0,76.0)
石菖蒲	76.6	13	(70.8,82.4)
香蒲	79.3	10	(75.0,83.5)
水葱	60.4	5	(35.8,85.9)
芦苇	68.1	15	(61.4,75.7)
美人蕉	53.7	6	(50.3,57.2)
千屈菜	72.9	4	(66.2,79.5)

由表 12-4 可知,初选的 7 种水生植物对 TN 的去除率综合效应值为 53.7%~79.3%,香蒲对 TN 的去除率效应值最高,为 79.3%;石菖蒲次之,为 76.6%;千屈菜和芦苇对 TN 的去除率效应值较高,分别为 72.9% 和 68.1%;而黄菖蒲、水葱和美人蕉对 TN 的去除率则较低。比较 95% 置信区间发现,总体上这 7 种水生植物对 TN 的去除效果稳定性较高,其中美人蕉对 TN 的去除效果稳定性最高,石菖蒲、千屈菜、芦苇和香蒲对 TN 的去除效果稳定性也比较高。

2.7 种水生植物对 TP 的净化效果

分别计算各个案例不同水生植物对 TP 的去除率效应值,并对各效应值进行异质性

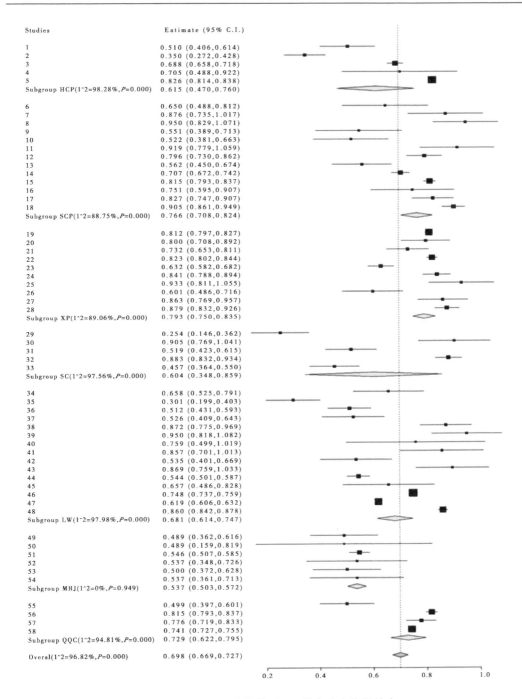

图 12-9　7 种水生植物对 TN 的去除率作用效应

检验。异质性计算结果表明,7 种水生植物对 TP 的去除率效应值均具有异质性(卡方检验 $P<0.05$),所以采用随机效应模型计算综合效应值,并计算得到 95% 置信区间。绘制的森林图见图 12-10,计算结果见表 12-5。

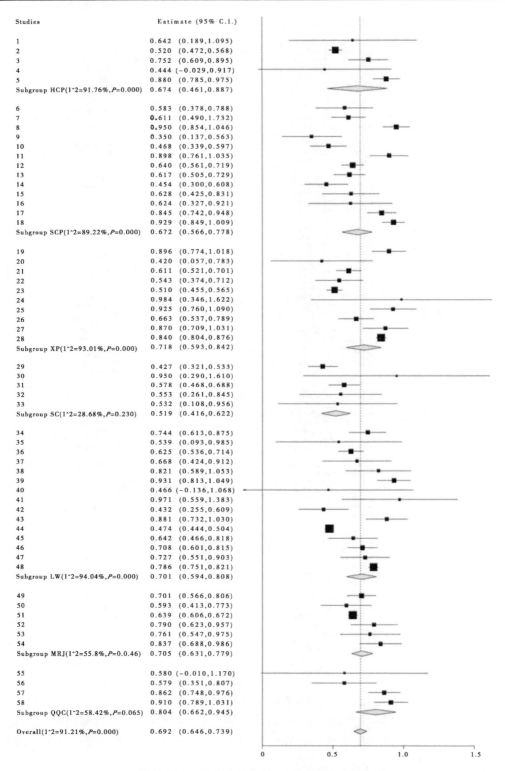

图 12-10　7 种水生植物对 TP 的去除率作用效应

表 12-5　7 种水生植物对 TP 去除率效应值

植物种类	综合效应值/%	自由度	95%置信区间/%
黄菖蒲	67.4	5	(46.1,88.7)
石菖蒲	67.2	13	(56.6,77.8)
香蒲	71.8	10	(59.3,85.2)
水葱	51.9	5	(41.6,62.2)
芦苇	70.1	15	(59.4,80.9)
美人蕉	70.5	6	(63.0,78.0)
千屈菜	80.4	4	(66.2,95.5)

由表 12-5 可知,初选的 7 种水生植物对 TP 的去除率综合效应值为 51.9% ~ 80.4%,千屈菜对 TP 的去除率效应值最高,为 80.4%;香蒲、美人蕉、芦苇、黄菖蒲和石菖蒲对 TP 的去除率效应值较高,也都比较接近,均在 70% 左右;而水葱对 TP 的去除率效应值最低,仅为 51.9%。比较 95% 置信区间发现,总体上这 7 种水生植物对 TP 的去除效果稳定性较高,其中美人蕉对 TP 的去除效果稳定性最高,石菖蒲、水葱和芦苇对 TP 的去除效果稳定性也比较高。

3. 水生植物选择

根据以上分析,香蒲、石菖蒲、千屈菜和芦苇对 TN 的去除效果较好,去除效果稳定性也比较高;千屈菜、香蒲、美人蕉、芦苇、黄菖蒲和石菖蒲对 TP 去除效果较好;但美人蕉和黄菖蒲对 TN 去除效果较差,且黄菖蒲对 TN 和 TP 去除效果稳定性相对较低。因此,对中等入流浓度和高入流浓度的污水净化效果比较好的水生植物是香蒲、石菖蒲、千屈菜和芦苇,见图 12-11~图 12-14。

图 12-11　香蒲

图 12-12　石菖蒲

图 12-13　千屈菜

图 12-14　芦苇

12.4　小　结

（1）根据三河口水库消落带生态修复原则,提出五条植物筛选原则:①多年生;②乡土物种;③耐淹耐旱;④根系发达、固岸护坡能力强;⑤去污能力强。

（2）通过查阅大量文献,基于五条植物筛选原则筛选用于生态修复的植被,选择了狗牙根、双穗雀稗、香附子和香根草 4 种草本植物,秋华柳和小梾木 2 种灌木,以及旱柳和意杨 2 种乔木。

（3）用 Meta 分析的方法对黄菖蒲、香蒲、石菖蒲、美人蕉、水葱、千屈菜和芦苇 7 种水生植物进行分析。结果表明,香蒲、石菖蒲、千屈菜和芦苇对 TN 的去除效果较好,同时去除效果稳定性也较高;而千屈菜、香蒲、美人蕉、芦苇、黄菖蒲和石菖蒲对 TP 的去除效果较好,因此筛选出香蒲、石菖蒲、千屈菜和芦苇 4 种对中等入流浓度和高入流浓度的污水净化效果比较好的水生植物。

13　植被恢复设计

13.1　消落带植被配置

通过第 11 章的研究得到消落带不同分区的生态修复模式,即消落带下部(558～635 m)的植被修复模式为耐淹草本修复模式,消落带中部(635～640 m)的植被修复模式为水生植物+耐淹灌草修复模式,消落带上部(640～643 m)的植被修复模式为耐淹乔灌草修复模式。

根据第 12 章对耐淹草本、灌木和乔木植物的水淹特性进行分析,对去污水生植物的氮、磷去除率进行比较,最终选择了狗牙根、双穗雀稗、香附子和香根草 4 种草本植物,秋华柳和小梾木两种灌木,香蒲、石菖蒲、千屈菜和芦苇 4 种去除氮、磷能力较强的水生植物,旱柳和意杨两种乔木,针对这些植物的水淹特性在消落带不同分区的不同高程进行植被配置。

对于消落带下部 558～635 m 高程,水淹深度为 13～85 m,配置能在 7 个月 15 m 深淹条件下保持较高的存活率,且能在短时间内迅速返青的双穗雀稗;在 630～635 m 高程上,水淹深度 8～13 m,则种植耐水淹能力相对较差的香根草和香附子。

对于消落带中部 635～638 m 高程,水淹深度 5～8 m,所选择的灌木植物中秋华柳极耐水淹,挺水植物中芦苇和菖蒲在长时间深淹条件下存活率较高且出水后能快速恢复生长,耐淹能力相对香蒲和千屈菜较强,故在本区种植秋华柳、石菖蒲和芦苇 3 种植物;在 638～640 m 高程上,水淹深度 3～5 m,则配置小梾木、香蒲和千屈菜 3 种植物。

对于消落带上部 640～643 m 高程,水淹深度小于 3 m,种植旱柳和意杨 2 种乔木,以及秋华柳和小梾木 2 种灌木。

狗牙根是低矮草本植物,对水位变化适应力极强,具有根状茎和匍匐枝,是良好的固堤保土植物,在国内水库消落带中应用最多且已成为消落带的优势植物,因此本书将狗牙根作为优势植物见缝插绿种植在三河口水库消落带的全区域。

各分区植被配置如图 13-1 所示。

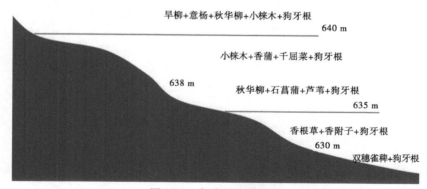

图 13-1　各分区植被配置

13.2 消落带植被管理

消落带植被作为消落带的一个重要组成部分,能够阻滞降水形成的坡地地表径流、农业面源污染所带来的养分以及其他的有机污染物污染水体,具有重要的生态功能和社会经济功能。但是,三河口水库的运行方式使得消落带上部分区域的植被会遭受长时间的水淹,这会导致植被自身生物量和氮磷元素的损失,对库区水体富营养化有一定的贡献率。因此,对三河口水库消落带植被进行适当的管理,不仅可以保护消落带生物多样性,还可以减小植被损失的营养元素对水库进一步污染的可能性,这个研究方向将具有十分重要的意义。

针对三河口水库消落带建议种植的植物,提出以下以一年为周期进行收割的植被管理方法。

(1)建议实施的区域:由于消落带下部即 635 m 以下区域长时间遭受水淹,并且恢复时间较短,植被生长情况可能并不理想,植被覆盖率可能较低,因此只针对 635 m 以上植被覆盖率在 70% 以上的区域进行植被管理。

(2)建议管理的对象:以狗牙根等优势种的植被群落以及消落带中部富集营养物质的水生植物为主。

(3)建议实施的时间:植被生长比较旺盛且稳定的阶段,即 5~10 月。在这期间,在消落带中部和上部建议收割的区域进行收割,并保证各部分的植被收割率不能超过 50%。

对植被进行周期性收割,不仅保证了氮磷元素对库区水体富营养化贡献率的减少,同时可维持消落带系统的物种丰富度,且考虑了消落带的生态功能及景观美化,是较为合理的管理方案。

13.3 小　结

本章根据评价得到的植物的水淹特性,对消落带各分区进行植被配置,消落带下部配置的植物有:狗牙根、双穗雀稗、香根草和香附子,消落带中部配置的植物有:秋华柳、小梾木、石菖蒲、香蒲、千屈菜、芦苇和狗牙根,消落带上部配置的植物有:旱柳、意杨、秋华柳、小梾木和狗牙根,并针对这些植物提出以一年为周期进行收割的植被管理方法。

14 三河口水库三维水温模型的建立与参数率定

14.1 MIKE 概述

14.1.1 概述

MIKE 是由丹麦水利研究所(Danish Hydraulic Institute,DHI)开发研究的一系列水环境管理软件,该系列软件可应用于海洋、湖泊、水库等大范围流域水资源评估管理和水质模拟,也可以应用于城市供排水系统等方面的模拟研究。该软件用户界面良好,具有模拟从简单到复杂水体系统的具体设计和操作运行的功能,如图 14-1 所示。

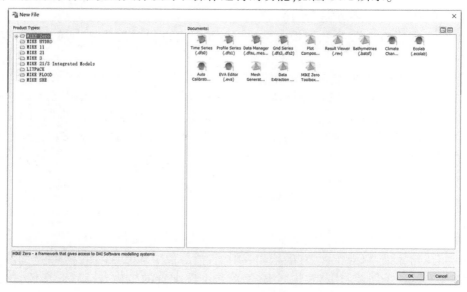

图 14-1 MIKE Zero 使用界面

总而言之,MIKE 系列软件可运用于绝大多数水域并能较好地模拟出水域水质,进而对水资源进行评估与管理。MIKE 软件的各项功能,也优于其他类型的三维水动力模型,它的数据分析和图像展示功能,使用户可以直接查看数据得出模拟结果,并对比结果的精确度。

14.1.2 MIKE 3 概述

MIKE 3 模块可以分为水动力学模块(hydrodynamics,HD)、平流扩散模块(AD)、泥沙传输(MT 和 ST)、水质模块(ECO Lab)、波浪(OSW、NSW、BW、EMS 和 PMS)等模块。该模型充分考虑了密度变化和实际地形等外界因素,可以精确应用到模拟河流、水库、湖泊、海岸及海洋水体中的三维自由表面流和垂向密度不同的非恒定流,对于水位差或潮差较大的区域也可试用。MIKE 3 在湖泊、河口、海湾及海洋的水流以及水环境模拟应用中，亦可模拟垂向密度不同的非恒定流。其在处理复杂水库地形边界、密度变化、实际水流运行特性、局部进水口、潮汐变化以及气象条件等问题上进行了充分的考虑。更能完整描述水动力学及水温变化细节过程；另外，MIKE 3 具有图形界面友好、灵活和快速的性能。能以三维角度模拟非恒定流，是从简单河流、湖泊到大型水库、外海区域的理性分析、管理、设计和操作的实用工具，其界面见图 14-2。

图 14-2　MIKE 3 界面

14.2　MIKE 3 模块理论背景

14.2.1　水动力模型

　　MIKE 3 水动力模型基本的数学方程是雷诺平均化的 Navier-Stokes 方程(简称 N-S 方程)，该方程服从 Boussinesq 近似，包括紊流的影响和水体密度的变化，主要分为连续性方程、动量方程、紊流 k-ε 方程和温度对流扩散方程，分别如式(14-1)~式(14-4)所示。

　　(1)连续性方程：

$$\frac{1}{\rho c_s^2}\frac{\partial p}{\partial t} + \frac{\partial u_i}{\partial x_i} = 0 \tag{14-1}$$

　　(2)动量方程：

$$\frac{\partial u_i}{\partial t} + \frac{\partial (u_i u_j)}{\partial x_j} + 2\Omega_{ij}u_j = \frac{1}{\rho}\frac{\partial p}{\partial x_j} + g_i + \frac{\partial}{\partial x_j}\left[v_t\left(\frac{\partial u_i}{\partial x_j} + \frac{\partial u_j}{\partial x_i}\right) - \frac{2}{3}\delta_{ij}k\right] + u_i s \tag{14-2}$$

　　(3)k 方程：

$$\frac{\partial k}{\partial t} + u_i\frac{\partial k}{\partial x_i} = \frac{\partial}{\partial x_i}\left(\frac{v_t}{\sigma_k}\frac{\partial k}{\partial x_i}\right) + v_t\left(\frac{\partial u_i}{\partial x_j}\frac{\partial u_j}{\partial x_i}\right)\frac{\partial u_i}{\partial x_j} + \beta g_i\frac{v_i}{\sigma_T}\frac{\partial \varphi}{\partial x_i} - \varepsilon \tag{14-3}$$

（4）ε 方程：

$$\frac{\partial \varepsilon}{\partial t} + u_i \frac{\partial \varepsilon}{\partial x_i} = \frac{\partial}{\partial x_i}\left(\frac{v_t}{\sigma_\varepsilon}\frac{\partial \varepsilon}{\partial x_i}\right) + c_{1\varepsilon}\frac{\varepsilon}{k}\left[v_t\left(\frac{\partial u_i}{\partial x_j}\frac{\partial u_j}{\partial x_i}\right)\frac{\partial u_i}{\partial x_j} + c_{3\varepsilon}\beta g_i \frac{v_t}{\sigma_T}\frac{\partial \varphi}{\partial x_i}\right] - c_{2\varepsilon}\frac{\varepsilon^2}{k} \quad (14\text{-}4)$$

式中：ρ 为水体密度；c_s 为水体中声音的传播速度；p 为压力；t 为时间；u_i 和 u_j 分别为 x_i 和 x_j 方向上的速度分量；Ω_{ij} 为克氏张量；g_i 为重力矢量；v_t 为垂向紊动黏性系数；δ_{ij} 为克罗奈克函数；k 为紊动动能；s 为源、汇项；β 为热膨胀系数；σ_T 为普朗克数；φ 为浮力标量；ε 为紊动动能的耗散率；$c_{1\varepsilon}$、$c_{2\varepsilon}$、$c_{3\varepsilon}$、σ_ε 为特征值。

14.2.2 水温模型

MIKE 软件中的水温模块遵循能量守恒定律以及 Fourier 热传导定律，其在不可压缩条件下能量方程为

$$\rho C_p\left(\frac{\partial T}{\partial t} + u_j \frac{\partial T}{\partial x_j}\right) = \frac{\partial}{\partial x_j}\left(\lambda \frac{\partial T}{\partial x_j}\right) + \Phi + Q \quad (14\text{-}5)$$

式中：C_p 为定压比热；λ 为流体热传导系数；Φ 为黏性耗散系数；Q 为单位时间内传给单位质量流体的热量；T 为温度。

在实际情况下，黏性耗散项值很小，可以忽略不计，能量方程变换为式（14-6）的形式：

$$\frac{\partial T}{\partial t} + u_j \frac{\partial T}{\partial x_j} = \frac{\partial}{\partial x_j}\left(D \frac{\partial T}{\partial x_j}\right) + \frac{Q}{C_p} \quad (14\text{-}6)$$

式中：D 为流体热扩散系数，$D = \dfrac{\lambda}{\rho C_p}$，$C_p$ 为水的比热容。

若将式（14-6）中水温和流体瞬时量分解为时均量与脉动量之和，再根据雷诺平均法则进行时均化计算，便可得到时均温度方程：

$$\frac{\partial T}{\partial t} + u_j \frac{\partial T}{\partial x_j} = \frac{\partial}{\partial x_j}\left(D \frac{\partial T}{\partial x_j}\right) - \frac{\overline{\partial u_j' T'}}{\partial x_j} + \frac{Q}{C_p} \quad (14\text{-}7)$$

又因为 $-\overline{u_j' T'} = \dfrac{v_j}{P_n}\dfrac{\partial T}{\partial x_j}$ 以及 $D = \dfrac{v}{P_r}$，且分子普朗特数和湍流普朗特数具有相同的量级，因此忽略式（14-7）中的分子扩散项，即可得到式（14-8）：

$$\frac{\partial T}{\partial t} + u_j \frac{\partial T}{\partial x_j} = \frac{\partial}{\partial x_j}\left(D \frac{\partial T}{\partial x_j}\right) + \frac{Q}{C_p} \quad (14\text{-}8)$$

对于湖泊水库的水体，水体中热交换过程主要包括太阳辐射、大气-水界面热传导过程、降水和蒸散发等，其中太阳辐射由波长在 1 000~30 000 Å 的电磁波组成，经过臭氧层和大气层的吸收作用，到底地面使水温温度升高的主要为波长在 4 000~9 000 Å 的短波辐射。热交换各过程的方程表达式分别如式（14-9）~式（14-18）所示。

（1）太阳短波辐射强度。

太阳短波辐射中的大部分被臭氧层所吸收，只有小部分可以到达地球表面。短波辐射强度的影响因素有接受辐射点到太阳的距离、方位角、纬度，地球外的太阳辐射、云量和大气中的水汽量等。地球外的太阳短波辐射热量为

$$H_0 = \frac{24}{\pi} q_{sc} E_0 \cos\phi\cos\delta\sin\omega_{sr} - \omega_{sr}\cos\omega_{sr} \tag{14-9}$$

有云条件下的太阳短波辐射热量为

$$\frac{H}{H_0} = a_2 + b_2\frac{n}{n_d} \tag{14-10}$$

平均每小时到达地球表面的太阳短波辐射热量为

$$q_s = \frac{H}{H_0}q_0(a_3 + b_3\cos\omega_i)\frac{10^6}{3\,600} \tag{14-11}$$

$$a_3 = 0.409 + 0.504\,6\sin\left(\omega_{sr} - \frac{\pi}{3}\right) \tag{14-12}$$

$$b_3 = 0.660\,9 + 0.476\,7\sin\left(\omega_{sr} - \frac{\pi}{3}\right) \tag{14-13}$$

太阳的短波辐射到达水体后,一部分停滞在水体表层,其余部分热量服从比尔定律在水深方向衰减:

$$I(d) = (1 - \beta)I_0 e^{-\lambda d} \tag{14-14}$$

式中:$\frac{H}{H_0}$ 为一天内地球外的辐射强度与阴天辐射强度之比;$\frac{n}{n_d}$ 为每天日照时数与一年中最大每天日照时数之比;ω_i 为时间角度;ω_{sr} 为太阳升起的角度;I_0 为水体表面的光强;$I(d)$ 为水体表面以下 d m 深度的太阳强度;β 为上层水体吸收光能的比例系数;λ 为太阳光衰减系数;ϕ 为所计算区域的纬度值;δ 为偏向角;q_{sc} 为日照辐射常数;q_s 为到达地面的短波辐射;q_0 为太阳短波辐射。

（2）净长波辐射。

大气和水体表面都发射长波红外线辐射,是波长处于 9 000~25 000 的电磁波,水体表面散发的长波辐射减去大气散发的长波辐射称为净长波辐射,净长波辐射与云量、大气温度、大气水汽压和相对湿度有关,净长波辐射量计算公式为

$$q_{lr,net} = -\delta_{sb}(T_{air} + T_k)4\left(a - b\sqrt{e_d}\right)\left(c - d\sqrt{d\frac{n}{n_d}}\right) \tag{14-15}$$

式中:a、b、c 和 d 分别为常数 0.56、0.077、0.10 和 0.90;δ_{sb} 为玻尔兹曼常数;T_{air} 为空气温度;T_k 为热力学常数;$\frac{n}{n_d}$ 为每天日照时数与一年中最大每天日照时数之比;e_d 为大气结露温度。

（3）水体垂向热交换过程:

$$H = \frac{\partial}{\partial z}\left[\frac{q_{sr,net}(1 - \beta)e^{-\lambda(\eta-z)}}{\rho_0 C_p}\right] \tag{14-16}$$

（4）水体表面热交换过程:

$$H = \frac{q_v + q_c + q_{sr,net} + q_{lr,net}}{\rho_0 C_p} \tag{14-17}$$

式中:z 为高度;$q_{sr,net}$、$q_{lr,net}$ 分别为太阳净短波辐射热量和净长波辐射热量;β 为上层水体吸收光能的比例系数;λ 为太阳光衰减系数;η 为水深;ρ_0 为水体密度;C_p 为水的比热容;

q_v、q_c 分别为表层水体蒸发散失的热量和对流传输的热量。

（5）感热。

水汽界面的感热交换主要由风速、大气与水面温差决定。计算公式为

$$Q_{sen} = \rho_{air} C_{sen} C_{pa} f(U_{wind})(T_{swater} T_{air}) \tag{14-18}$$

$$f(U_{wind})(C_{wind} U_{wind}) \tag{14-19}$$

式中：Q_{sen} 为感热交换热量；ρ_{air} 为空气密度，kg/m^3；C_{sen} 为感热通量传递系数，其值为 1.3×10^{-3}；C_{pa} 为空气在恒压条件下的比热容，一般，常温时在水面附近的 $C_{pa} = 1\,003\ J/(kg \cdot k)$；$U_{wind}$ 为水面以上 10 m 处的风速大小，m/s；C_{wind} 为风速系数，一般取值为 $20 \sim 30$；T_{swater} 为水体绝对温度；T_{air} 为大气绝对温度。

（6）蒸发潜热。

蒸发潜热与大气温度、水面温度、大气湿度、风速等有关，计算公式为

$$q_v = LC_e(a_1 + b_1 W_{2m})(Q_{water} - Q_{air}) \tag{14-20}$$

式中：L 为蒸发产生的潜在热交换；C_e 为潮湿系数；W_{2m} 为水面以上 2 m 处的风速；Q_{water} 为水面附近水蒸气的密度；Q_{air} 为大气中的水蒸气密度；a_1、b_1 为根据用户需要设置的系数。

14.3 模拟概况

14.3.1 基础数据

本书所建立的三河口水温分层模型所用软件为 MIKE 3，运用 MIKE 3 软件构建三维水温模型需要的基础数据主要包括以下几项：

（1）地形数据。

地形数据为三河口库区库尾段的水下地形数据以及陆地边界数据，用 ArcGIS 进行数据的提取工作，测量出模拟区域东西向为 16.54 km，南北向为 11.18 km。

（2）水文数据。

在本次研究中，采取开边界条件进行模型搭建，开边界条件认定为水位流量过程。所需要的水文数据即为流域的流量和水位数据，本次研究中的所有数据均采自佛坪县水文站，本次研究所用到的流量和水位数据均为 2017 年 1~12 月的数据。

（3）气象数据。

本书中要研究三维的水温分层模拟，要建立水温模型需要多项气象数据，其中降水数据、风速风向数据和大气温度数据均来自佛坪气象站；长波辐射和短波辐射数据则来自 WheatA 小麦芽-农业气象大数据系统软件，所有数据均为 2017 年 1~12 月的站点数据。

（4）其他数据。

计算所采用的河道糙率主要由实测径流资料率定计算确定，根据《陕西省引汉济渭工程可行性研究水文分析报告》及相关研究成果，确定三河口库区河道的糙率值为 0.025~0.046。

14.3.2 模拟时间

本书主要研究年内三河口水库水温的季节性变化及垂向变化，因此为了探究三河口

水库在基于水库调度下的水温分层的动态变化,本书选用 2017 年 1~12 月为水温模拟时间段,将 2017 年划分为丰、平、枯三个水期,模拟不同水期的水温分层现象。

14.3.3 网格划分

三河口水库研究区域范围东西向约 16.54 km,南北向约 11.18 km,根据三河口水库的地形和高程数据建立三河口水库的地形文件,本模型采用非结构化网格,计算网格的间距为 2 000 m×1 000 m,计算网格数为 9×11,垂向分为 5 层,每层 26 m;时间步长为 60 s。在本模型中,具体网格情况如图 14-3 所示。

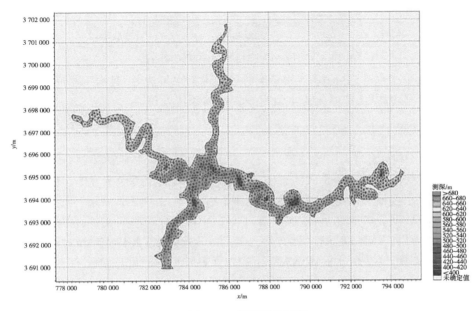

图 14-3 模型计算网格

14.4 边界条件确定

14.4.1 水动力边界条件

在水动力模型计算中,模型是否可以稳定运行、结果准确性如何皆取决于边界条件。在 MIKE 软件的水动力模型中,有 7 种边界条件可供选择:①陆地边界(零垂向流速);②陆地(零流速);③速度边界;④通量边界;⑤水位边界;⑥流量边界;⑦弗拉瑟边界。

大多数情况下,模型中研究的上下游边界条件之中一个选择为水位边界,另一个选择流量边界,即输出水位输入流量,或是输入水位输出流量,本书建立的模型位置为三河口坝前,故而以正常蓄水位为输出水位作为下游边界,选择输入流量为上游边界。在三河口水库中,由于水库位置位于三条支流交汇处,故上游设置有椒溪河、汶水河和蒲河三个断面,边界条件为流量边界;又因所获取数据为水库总入流,故设置边界条件时将入库流量均分为三份,分别做三个上游边界的边界条件,如图 14-4 所示。

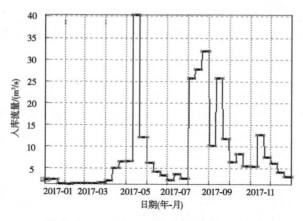

图 14-4　2017 年三河口上游断面入库流量

水库下游由于水坝的阻隔作用,故将下游边界设为水位边界,且由于水库正常蓄水位是 643 m,则将下游边界条件概化为水位为 643 m 的条件处理。

14.4.2　水温模型边界条件

太阳辐射、水体表面与大区热交换以及入流水体自身热量是水体中热量的主要来源,而水体中热量散失的主要途径是水体下泄、垂向混合扩散以及表面蒸发等。因此,本书在建立三河口水库水温模型时综合考虑了各项因素,主要给出了降水、气温、风强、不同频率波段辐射等气象数据。具体如下:①2017 年 1~12 月降水时间序列文件,如图 14-5 所示;②2017 年 1~12 月大气温度时间序列文件,如图 14-6 所示;③2017 年 1~12 月长波辐射时间序列文件,如图 14-7 所示;④2017 年 1~12 月短波辐射时间序列文件,如图 14-8 所示;⑤2017 年 1~12 月风速风向时间序列文件,如图 14-9 所示。

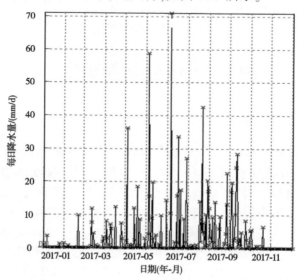

图 14-5　2017 年 1~12 月降水时间序列

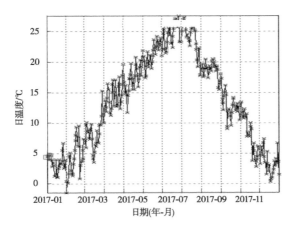

图 14-6   2017 年 1~12 月大气温度时间序列

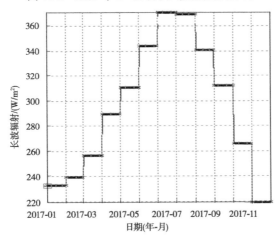

图 14-7   2017 年 1~12 月长波辐射时间序列

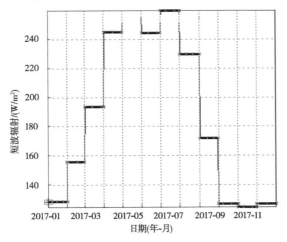

图 14-8   2017 年 1~12 月短波辐射时间序列

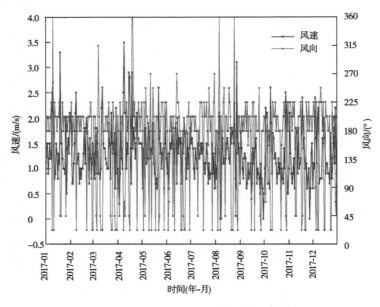

图 14-9　2017 年 1~12 月风速风向时间序列

　　降水会对水库中水温分层结构产生较大的影响,主要表现在水流紊动强度和表层水温两个方面:①当温跃层还处于靠近表面且厚度较小时,在降水尤其是强降水的干扰作用下,表层水体紊动增加,水温分层结构会遭到破坏;②降水会影响到表层水体温度,一般情况下,降水时表层水温会降低,当温跃层上下水体温度接近时,水温分层消失。分析三河口水库 2017 年降水时间序列可知,1~12 月均有不同程度的降水出现,其峰值出现在 6~7 月,虽然与大气温度峰值时段重叠,但正由于强降水影响,仍可能出现短暂水温分层现象消失的状况。

　　大气温度是引发水体水温分层的主要因素,由于气温的升高,表层水体温度升高导致水体上下出现较大的温差,使上下水体产生密度差,表层水体温度高、密度小,底层水体温度低、密度大,导致水体上下无法进行扩散混合从而形成水温分层现象。分析图 14-6 可知,最低温度出现在 1 月,最低温度为-1.5 ℃,气温峰值则出现在 7~8 月。

　　长短波辐射则是通过影响热交换来影响表层水体温度的,辐射强度若过于强烈,则会影响到水温的垂向分层稳定性,故而加入长波辐射与短波辐射的条件,可以量化水体与大气之间的热交换,从而提高模型的精确度。

　　风速亦是影响水温分层的重要因素,风速大小会影响表层水体的热交换速率和水体蒸发,其大小和方向也会对垂向水体扩散造成影响,从而影响水温垂向结构分层现象。

14.5　模型参数

14.5.1　水动力参数

　　三河口水库三维模型分为水动力模型和水温模型两部分,其中水温模型嵌套在水动力模型之中,如图 14-10 所示。计算模型中的参数同样包括水动力模型参数和水温模型参数两部分,水体的湍流强度会影响水体垂向扩散的剧烈程度,从而会影响水温分层的稳定性,因此在计算三维水温分布时应考虑水动力学参数的影响,三维水动力模型主要涉及 k-e 湍流模型的经验系数,如表 14-1 所示。

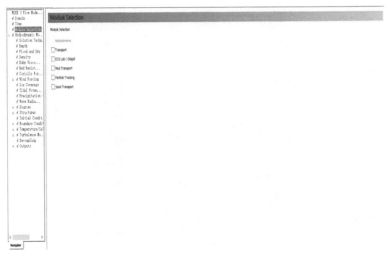

图 14-10   水动力模型与水温模型

表 14-1   MIKE 3 水动力模型参数

参数名称	c_μ	C_{1e}	C_{2e}	σ_k	σ_ζ
参数取值	0.09	1.44	1.92	1	1.3

14.5.2   水温模块参数

利用 MIKE 3 对水体三维水温模拟时,除考虑水文气象等边界条件的影响外,表层水体与大气的热交换、热量在水体中的垂向扩散以及光在水体中的衰减速度等均会影响水温的垂向分布。因此,给这些参数赋予恰当的数值是模型调参率定中一项重要工作,这项工作将会影响水温模型模拟结果的真实性与准确性,根据不同的流域状况与边界条件,确定不同的模型参数,有助于更好地模拟三河口库区的不同水期垂向水温分层特征,使人们了解空间与时间尺度的温度变化。各项参数物理意义及所用数值如表 14-2 所示。

由表 14-2 可知,在 MIKE 3 三维水温模型中,根据道尔顿定律,蒸散发系数 a_1、风影响系数 b_1 越大,水体蒸发热损失越大,表层水温越低;太阳辐射参数 a_2 和 b_2 越大,水体接受的太阳短波辐射能量越多,表层水温越高;光衰减系数 β 和 λ 越大,深层水体获得的光热量越少,温度越低;垂向扩散系数 σ_T 越大,垂向温度分布越均匀。受条件所限,本书参数率定参考同纬度黄金峡水库的模型参数率定,水温模块中各参数取值见表 14-2。

表 14-2　MIKE 3 水温模型参数及物理意义

参数编号	参数名称	物理意义
1	Constant in Dalton's law (a_1)	道尔顿定律,蒸散发系数,a_1越大,水体蒸发热损失越大,表层水温越低;默认值为 0.5
2	Wind coefficient in Dalton' law (b_1)	道尔顿定律,风影响系数,b_1越大,水体蒸发热损失越大,表层水温也越低;默认值为 0.9
3	Sun constant, a in Angstrom's law (a_2)	太阳辐射参数,a_2越大,水体接受的太阳短波辐射能量越多,表层水温越高;默认值为 0.295
4	Sun constant, b in Angstrom's law (b_2)	太阳辐射参数,b_2越大,水体接受的太阳短波辐射能量越多,表层水温越高;默认值为 0.371
5	Beta in Beer's law (β)	光衰减系数,β越大,深层水体获得的光热量越少,温度越低;默认值为 0.3
6	Light extinction coefficient (λ)	光衰减系数,λ越大,深层水体获得的光热量越少,温度越低;默认值为 1
7	Vertical dispersion scaled factor (σ_T)	垂向扩散系数,σ_T越大,垂向温度分布越均匀;默认值为 1

14.6　小　结

本章在三河口水库地形数据的基础上建立了水库地形文件,并在三河口水库 2017 年 1~12 月水文气象条件、水库调度数据等边界条件的基础上搭建了三维水动力和水温模型。另外,为了模型运行的精确度,本章对水动力和水温模型中的主要参数进行了介绍和率定,尤其是在水温模块中,对水温模块中的参数物理意义进行了介绍。

15 模拟结果及水温分层特征

15.1 模拟结果

　　本次模拟以 2017 年 1 月 1 日数据开始起算,所获数据的有限性长短波辐射和水温过程均采用时段平均值来确定。因实测数据仅有丰、平、枯 3 个水期,故而最终结果验证只能做 3 个水期其中一个月的结果验证。本书选取了三河口水库坝址向上游 3 条支流交汇点的 7 个点位查看了三河口水库水温分层现象,水温模拟结果如图 15-1~图 15-3 所示。

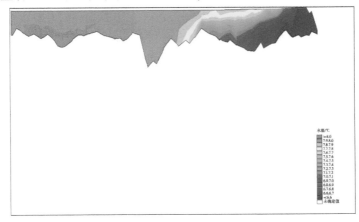

图 15-1　枯水期水库水温垂向分布

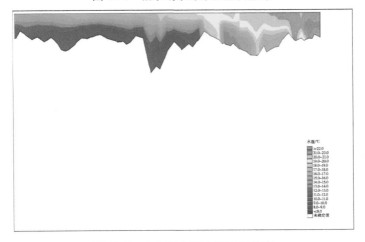

图 15-2　丰水期水库水温垂向分布

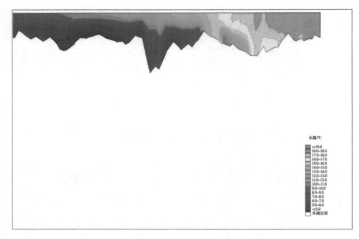

图 15-3　平水期水库水温垂向分布

通过对三河口水库进行水温数值模拟,得出了三河口水库坝前各水期水温分布空间与时间的模拟结果,丰水期和平水期出现明显的水温分层现象,而枯水期上下水体温差不大,处于混合状态。由图 15-1~图 15-3 可以看出,上游水温分层现象明显优于坝址处,坝址处水温高于上游来水水温。丰水期表层水体温度高于 22 ℃,底部水体温度低于 7 ℃;平水期表层水体温度高于 18 ℃,底部水体温度低于 5 ℃;枯水期上下层水体温度则在 5~7 ℃。

各水期水温垂向分布见表 15-1、图 15-4。由图 15-4 可以直观地看到,3 个水期中,枯水期并未出现水温分层现象,上下层水体处于混合状态,而丰水期和平水期皆出现了较为明显的水温分层现象,但随着水位升高,2 个水期的同水位水温增长速率明显不同,平水期水温随水位高程增长逐渐由急到缓,而丰水期增长过程则并不稳定,可能的原因是丰水期由于强降水的影响导致水温分层的稳定性遭到破坏。3 个水期对比可知,平水期具有最显著且稳定的垂向水温分层现象。

表 15-1　三河口水库坝前水温垂向分布

水位/m	丰水期	枯水期	平水期
650	22.21	7.88	18.58
625	20.08	7.55	16.52
600	19.28	7.12	13.21
575	15.56	7.20	11.20
550	10.22	7.00	10.25
525	8.68	7.02	9.28
500	7.56	7.01	8.00

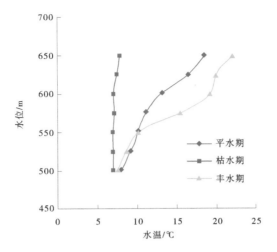

图 15-4　三河口水库坝前水温垂向分布

15.2　结果验证

对于模拟出来的三河口水温结果,为了确定本次建立的三维模型是否能精准模拟三河口水库的水温,需要利用三河口水库丰水期、平水期、枯水期的实测水温数据对模拟结果进行验证,图 15-5~图 15-7 为不同水期垂向水温的实测值与模拟值的对比,以水位为纵坐标,以水体温度为横坐标,随着水位上升,可得出水温随水位的变化关系,这是验证模型合理性与可靠性的必要工作。通过图 15-5~图 15-7 可直观地看出模拟水温与实测水温的数值关系,从而分析书中所建立的三维水温模型与三河口水库的适用程度,若不能较好地匹配,则需要调整参数,检查模型,直至模拟出较为准确的水库水温。

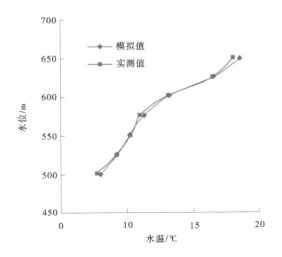

图 15-5　平水期模拟水温与实测水温对比

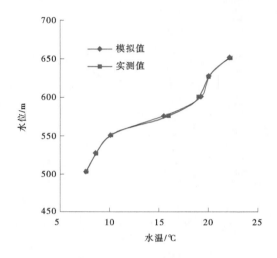

图 15-6　丰水期模拟水温与实测水温对比

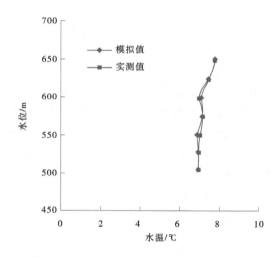

图 15-7　枯水期模拟水温与实测水温对比

　　由图 15-5～图 15-7 的模拟值与实测值对比结果可知,丰、平、枯三个水期的实测水温与模拟水温大致接近,垂向的水温变化也基本相同,可知本书建立的三维水温模型可以较为准确地模拟出三河口水库的水温变化,其垂向具有季节性的水温分层现象,且不同位置的温度变化也不尽相同。总体而言,三河口水温模拟值与实测值在垂向上准确度较高,模拟结果较为可靠。

15.3　水温分层特征

　　从三河口水库 2017 年各水期模拟结果和实测数据来看,三河口水库具有明显的季节性水温分层现象。

　　在模拟计算时间内,枯水期上下层水温在 5～7 ℃,枯水期尚未出现分层现象;随着气温的增加,平水期水温已经出现了分层现象,库表温度约为 18 ℃,库底温度约为 5 ℃,库表、库底温差 13 ℃;丰水期库表温度约为 22 ℃,库底温度约为 6 ℃,库表、库底温差为 15 ℃。由此可知,三河口水库是个典型的季节性水温分层型水库。

此外,3 个水期中,枯水期并未出现水温分层现象,上下层水体处于混合状态,而丰水期和平水期皆出现了较为明显的水温分层现象,但随着水位升高,2 个水期的同水位水温增长速率明显不同,平水期水温随水位高程增长逐渐由急到缓,而丰水期增长过程并不稳定,可能的原因是丰水期由于强降水的影响导致水温分层的稳定性遭到破坏。3 个水期对比可知,平水期具有最显著且稳定的垂向水温分层现象。

15.4 小 结

利用三河口水库坝前 2017 年 1~12 月实测水温数据对模拟结果进行率定和验证,并在水温模拟结果的基础上进一步分析了三河口水库水温分层的变化过程和特征。结果表明,三河口水库三维水温模型可以很好地模拟水库水温垂向分布和水温分层现象。

16　结论与建议

16.1　结　论

（1）以三河口水库蓄水后水质预测结果为基础，对三河口水库进行富营养化预测，结果表明三河口水库全年为贫营养状态。水库运行期出现整体富营养化的可能性不大，但水库死水区、库汊的水体以及支流在夏季适宜条件下不排除有富营养化的可能。

（2）根据蓄水运行后库区水位变化情况和库区污染情况确定生态修复原则，由水位高低决定生态修复的植物种类：在植物生长期基本不受水淹影响的区域配置较耐淹的灌木和乔木树种，在植物生长期会长期受到水库淹没影响的区域配置极耐淹的草本植物；由污染情况决定是否选择净水植物；根据库区富营养化预测结果，消落带生态修复应该选择一些对氮、磷等营养物质吸收能力强的水生植物。

（3）根据库区消落带出露情况，将消落带分为下部（558～635 m）、中部（635～640 m）、上部（640～643 m）三区，并根据生态修复原则分区域设定不同的生态修复模式，对应提出了耐淹草本修复、水生植物+耐淹灌草修复、耐淹乔灌草修复3种修复模式。

（4）通过查阅大量文献，基于5条植被筛选原则筛选用于生态修复的植被，筛选出了狗牙根、双穗雀稗、香附子和香根草4种草本植物，秋华柳和小梾木两种灌木，旱柳和意杨两种乔木；为了研究的客观性，对通过文献筛选得到的水生植物进一步进行 Meta 分析以得到客观量化的评价结果。

（5）用 Meta 分析法对黄菖蒲、香蒲、石菖蒲、美人蕉、水葱、千屈菜和芦苇7种水生植物进行分析，香蒲、石菖蒲、千屈菜和芦苇对 TN 的去除效果较好，千屈菜、香蒲、美人蕉、芦苇、黄菖蒲和石菖蒲对 TP 的去除效果较好，筛选出香蒲、石菖蒲、千屈菜和芦苇4种对中等入流浓度和高入流浓度的污水净化效果比较好的水生植物。

（6）根据筛选得到的植物的水淹特性，对消落带各分区进行植被配置，消落带下部配置的植物有：狗牙根、双穗雀稗、香附子和香根草，消落带中部配置的植物有：秋华柳、小梾木、石菖蒲、香蒲、千屈菜、芦苇和狗牙根，消落带上部配置的植物有：旱柳、意杨、秋华柳、小梾木和狗牙根。在此基础上，进一步提出库区消落带地上植被管理利用方案，以减小库区水体富营养化的风险。

（7）运用 MIKE 3 搭建了三河口水库三维水动力模型和水温模型。采用2017年丰水期、平水期、枯水期3个水期的实测水温数据对模型进行了率定和验证。最终得到三河口水库水温垂向分布规律，三河口水库存在明显的水温季节性分层现象；三河口水库枯水期水温垂向特征是水体表面温度低，向深层温度逐渐升高，并无明显分层现象；三河口水库平水期水温垂向特征是具有显著的分层现象，在各水期中这一时期的水温分层现象最为明显；三河口水库丰水期水温垂向特征具有一定的水温分层特性，但由于强降水的影响，水温分层作用有所减弱。三河口是典型的水温分层型水库,进行消落带修复时应当考虑水温影响,尽可能利用水温特点做好修复工作。

16.2 建 议

(1)对消落带进行分区和确定消落带生态修复模式时,应该考虑消落带土质类型,对土质型和岩质型消落带采取不同的修复方案。

(2)三河口库区消落带植被重建的物种筛选仍将集中在当地物种的择优选取方面,应依据库区消落带的实际调水节律和反复淹水的特点进行长期的筛选试验,除了通过测定植物的生长情况和光合特性等随着水位涨落的变化来判断其耐淹耐旱程度,研究时还将考虑物种在非生长季的水淹情况,对当地生态的影响以及种间和群落关系等多方面因素。

(3)进一步搭建三维水温模型,并在此基础上添加水质模型,模拟出三河口水库水质的改善状况,得到最优的运行工况,利用实测的水库中 pH、溶解氧、总磷、氨氮等数据,定量分析水体中水质状况,为水质改善提供方向。

参考文献

安艺周一,白砂孝夫,1981.水库流态的模拟分析[C]//大型水利工程环境影响译文集.长江水源保护局,译.

白宝伟,王海洋,李先源,等,2005.三峡库区淹没区与自然消落区现存植被的比较[J].西南农业大学学报(自然科学版),27(5):684-687,691.

长江水资源保护科学研究所,2013.陕西省引汉济渭工程环境影响报告书[R].

陈小红,1992.湖泊水库垂向二维水温分布预测[J].武汉水利电力学院学报,25(4):374-383.

陈永灿,张宝旭,李玉梁,1998.密云水库垂向水温模型研究[J].水利学报(9):14-20.

陈成成,2020.基于MIKE21的城市河流水动力水质模拟研究:以西安护城河为例[D].西安:西安理工大学.

陈芳清,郭成圆,王传华,等,2008.水淹对秋华柳幼苗生理生态特征的影响[J].应用生态学报,19(6):1229-1233.

陈忠礼,袁兴中,刘红,等,2012.水位变动下三峡库区消落区植物群落特征[J].长江流域资源与环境,21(6):672-677.

陈忠礼,2011.三峡库区消落区湿地植物群落生态学研究[D].重庆:重庆大学.

成水平,吴振斌,况琪军,2002.人工湿地植物研究[J].湖泊科学,14(2):179-184.

崔丽娟,李伟,张曼胤,等,2011.不同湿地植物对污水中氮磷去除的贡献[J].湖泊科学,23(2):203-208.

戴方喜,许文年,陈芳清,2006.对三峡水库消落区生态系统与其生态修复的思考[J].中国水土保持(12):6-8.

邓斌,陈邦群,郑巍伟,等,2013.香根草双层加筋复合植被柔性板块技术在三峡库区消落带防护工程中的应用[J].交通科技(4):144-146.

邓云,李嘉,罗麟,2004.河道型深水水库的温度分层模拟[J].水动力学研究与进展,19(5):603-609.

邓志强,李旭辉,阎百兴,等,2013.富营养化水体中芦苇和菖蒲浮床氮净化能力比较研究[J].农业环境科学学报,32(11):2258-2263.

樊大勇,熊高明,张爱英,等,2015.三峡库区水位调度对消落带生态修复中物种筛选实践的影响[J].植物生态学报,39(4):416-432.

冯大兰,刘芸,钟章成,等,2008.三峡库区消落区芦苇的光合生理响应和叶绿素荧光特性[J].生态学报,28(5):2013-2021.

冯大兰,刘芸,钟章成,2006.三峡库区消落带现状与对策研究[J].中国农学通报,22(4):378-381.

冯民权,2003.大型湖泊水库平面及垂向二维流场与水质数值模拟[D].西安:西安理工大学.

郜莹,2012.哈尔滨市人工湿地植物净污能力研究[D].黑龙江:黑龙江大学.

国家环境保护局自然保护司,1997.黄河断流与流域可持续发展[M].北京:中国环境科学出版社.

韩潇源,2008.高效净化氮磷污水的湿地水生植物筛选与组合[J].湖泊科学,20(6):741-747.

贺秀斌,谢宗强,南宏伟,等,2007.三峡库区消落区植被修复与蚕桑生态经济发展模式[J].科技导报,25(23):59-63.

胡萃,刘强,龙婉婉,等,2011.水生植物对不同富营养化程度水体净化能力研究[J].环境科学与技术,34(10):6-9.

江春波,张庆海,高忠信,2000.河道立面二维非恒定水温及污染物分布预报模型[J].水利学报(9):

20-24.

蒋红,1999.水库水温计算方法探讨[J].水力发电学报,65(2):60-69.

江刘其,陈煜初,1992.新安江水库消落区种植挺水树木林研究初报[J].浙江林业科技,12(1):40-43.

静宇,2010.芦苇种群均匀格局对河道水流的影响[D].北京:华北电力大学.

康志,杨丹菁,靖元孝,2007.水库库岸消涨带植被恢复研究[J].中国农村水利水电(10):22-25.

李冰冻,李克锋,李嘉,等,2007.水库温度分层流动的三维数值模拟[J].四川大学学报(工程科学版),39(1):23-27.

李步东,2019.大黑汀水库水温分层及水质响应特性研究[D].河北:河北工程大学.

李昌晓,钟章成,2005.模拟三峡库区消落带土壤水分变化条件下落羽杉和池杉幼苗的光合特性比较[J].林业科学,41(6):28-34.

李凯,2005.三峡水库近坝区三维流场温度场数值模拟[D].北京:清华大学.

李龙山,倪细炉,李志刚,等,2013.5种湿地植物对生活污水净化效果研究[J].西北植物学报,33(11):2292-2300.

李西京,张瑞佟,1994.水库水温垂向分层模型及黑河水库水温预测[J].西北水电(3):32-36.

李玉梁,李玲,2002.环境水力学的研究进展与发展趋势[J].水资源保护(1):1-6.

凌祯,杨具瑞,于国荣,等,2011.不同植物与水力负荷对人工湿地脱氮除磷的影响[J].中国环境科学,31(11):1815-1820.

刘春常,安树青,2007.几种植物在生长过程中对人工湿地污水处理效果的影响[J].生态环境,16(3):860-865.

刘建水,2020.人工湿地植物对观赏水中氮磷去除的贡献[J].农业灾害研究,10(9):150-151.

刘可晶,王文,2009.湿地水量、水质二维生态水力学模型[J].科学技术与工程,9(5):1333-1336.

刘衍君,吴仁海,2002.人类活动对土壤环境的影响及对策[J].新疆环境保护(3):32-35.

龙闹,2015.人工湿地水处理效率的Meta分析[J].净水技术,34(6):30-36.

陆健健,何文珊,童春富,2002.长江口湿地生态修复关键技术和规划理念的研究[C]//李文华,王如松.生态安全与生态建设.北京:气象出版社:104-109.

卢志军,李连发,黄汉东,等,2010.三峡水库蓄水对消涨带植被的初步影响[J].武汉植物学研究,28(3):303-314.

罗芳丽,曾波,叶小齐,等,2008.水淹对三峡库区两种岸生植物秋华柳和野古草水下光合的影响[J].生态学报,28(5):1964-1970.

罗伟祥,邹年根,韩恩贤,等,1985.陕西黄土高原造林立地条件类型划分及适地适树研究报告[J].陕西林业科技(1):1-16.

马方凯,江春波,李凯,2007.三峡水库近坝区三维流场及温度场的数值模拟[J].水利水电科技进展,27(3):17-20.

马利民,唐燕萍,张明,等,2009.三峡库区消落区几种两栖植物的适生性评价[J].生态学报,29(4):1885-1892.

马向东,郑慧莲,李爱民,等,2008.洪泽湖湿地生态系统保护与修复关键技术研究[J].污染防治技术,21(6):34-37.

毛战坡,彭文启,王世岩,等,2006.三门峡水库运行水位对湿地水文过程影响研究[J].中国水利水电科学研究院学报(1):36-41.

穆军,李占斌,李鹏,等,2008.金沙江干热河谷水电站库区消落带的生态重建技术初探[J].水土保持通报,28(6):172-176.

庞庆庄，郭建超，魏超，等，2019. 4 种湿地植物对污水中氮磷的去除效能及其迁移规律［J］. 西北林学院学报，34（6）:68-73.

戚琪，彭虹，张万顺，等，2007. 丹江口水库垂向水温模型研究［J］. 人民长江，38（2）:51-53.

钱小蓉，廖红，顾恒岳，等，1997. 水库水温预测模型研究［J］. 重庆大学学报，20（3）：134-140.

乔普，曾波，王海锋，等，2007. 低温环境下光照强度对野古草种子萌发的影响［J］. 西南师范大学学报（自然科学版），32（6）:56-59.

秦正，2019. 城市人工湿地水生植物景观的生态设计研究［D］. 四川：西南交通大学.

任雪梅，杨达源，徐永辉，等，2006.三峡库区消落区的植被生态工程［J］. 水土保持通报，26（1）:42-43.

任华堂，陈永灿，刘昭伟，2007.大型水库水温分层数值模拟［J］. 水动力学研究与进展 A 辑，22（6）:667-675.

尚淑丽，顾正华，曹晓萌，2014. 水利工程生态环境效应研究综述［J］. 水利水电科技进展，34（1）：16-19,48.

石雷，杨璇，2010.人工湿地植物量及其对净化效果影响的研究［J］. 生态环境学报，19（1）：28-33.

宋新山，邓伟，2007.基于连续扩散的湿地表面水流动力学模型［J］. 水利学报，37（10）:1166-1171.

苏小红，汤晓玉，顾新娇，等，2013. 基于去污效果和气候适应性的湿地植物筛选研究［J］.环境污染与防治，35（8）:54-58.

汤国安，刘学军，房亮，等，2006. DEM 及数字地形分析中尺度问题研究综述［J］.武汉大学学报（信息科学版）（12）:1059-1066.

汤显强，李金中，李学菊，等，2007.7 种水生植物对富营养化水体中氮磷去除效果的比较研究［J］.亚热带资源与环境学报（2）:8-14.

涂建军，陈治谏，陈国阶，等，2002.三峡库区消落区土地整理利用:以重庆市开县为例［J］.山地学报（6）：712-717.

涂修亮，陈建，吴文华，2000.三峡库区退化生态系统植被恢复与重建研究［J］. 湖北农业科学（2）：29-31.

王宠，2019.抚顺社河湿地植物对富营养化水体的修复效果研究［J］.林业科技，44（3）:59-62.

王飞，2013.基于土地利用变化的渭河流域产流及生态系统服务价值研究［D］.陕西：西北农林科技大学.

王海锋，曾波，李娅，等，2008.长期完全水淹对 4 种三峡库区岸生植物存活及恢复生长的影响［J］.植物生态学报，32（5）：977-984.

王海锋，曾波，乔普，等，2008.长期水淹条件下香根草、菖蒲和空心莲子草的存活及生长响应［J］.生态学报，28（6）:2571-2580.

王强，袁兴中，刘红，等，2009.三峡水库 156 m 蓄水后消落区新生湿地植物群落［J］. 生态学杂志，28（11）:2183-2188.

王庆海，段留生，李瑞华，等，2008.几种水生植物净化能力比较［J］.华北农学报，23（2）：217-222.

王思元，牛萌，2009.湿地系统的生态功能与湿地的生态恢复［J］.山西农业科学，37（7）:55-57.

王玮，2019.水生和陆生植物对污水中污染物的净化功能及其机理［D］.广西：广西大学.

王晓荣，程瑞梅，肖文发，等，2010.三峡库区消落区水淹初期地上植被与土壤种子库的关系［J］. 生态学报，30（21）:5821-5831.

王兴菊，2008.寒区湿地演变驱动因子及其水文生态响应研究［D］. 辽宁：大连理工大学.

王秀云，2006. AHP 法在襄樊旅游资源定量评价中的应用［J］.襄樊学院学报（5）:96-99.

王勇，刘义飞，刘松柏，等，2005.三峡库区消涨带植被重建［J］.植物学通报（5）:513-522.

王中玉,2011.漫滩芦苇种群对河道水流结构影响的模拟实验研究[D].北京:华北电力大学.

吴中如,吉肇泰,1984.坝前水库水温的变化规律和预测研究[J].水力发电(4):33-41.

吴江涛,许文年,陈芳清,等,2007.库区消落带植被生境构筑技术初探[J].中国水土保持(1):27-30.

肖广敏,2015.不同植物对污水净化效果研究[J].北方园艺(16):63-66.

谢德体,范小华,魏朝富,2007.三峡水库消落区对库区水土环境的影响研究[J].西南大学学报(自然科学版),29(1):39-47.

熊伟一,李克锋,邓云,等,2005.一二维耦合温度模型在三峡水库水温中的应用研究[J].四川大学学报(工程科学版),37(2):22-27.

熊缨,苏志刚,高举明,2011.不同挺水植物在生活污水中生长量及去污能力比较研究[J].环境科学与管理,36(1):63-66.

许国云,段宗亮,田昆,2014.滇西北高原主要湿地挺水植物净化氮、磷效应研究[J].山东林业科技,44(2):1-6,51.

徐涵秋,2013.区域生态环境变化的遥感评价指数[J].中国环境科学,33(5):889-897.

徐秀玲,陆欣欣,雷先德,等,2012.不同水生植物对富营养化水体中氮磷去除效果的比较[J].上海交通大学学报(农业科学版),30(1):8-14.

杨朝东,张霞,向家云,2008.三峡库区消落区植物群落及分布特点的调查[J].安徽农业科学,36(31):13795-13796,13866.

杨大超,陈青生,程涛,2013.取水口高程对水库水温结构的影响研究[J].水电能源科学,31(4):77-81.

杨林,伍斌,赖发英,等,2011.7种典型挺水植物净化生活污水中氮磷的研究[J].江西农业大学学报,33(3):616-621.

尹澄清,1995.内陆水-陆地交错带的生态功能及其保护与开发前景[J].生态学报,40(1):87-91.

袁东海,高士祥,任全进,等,2004.几种挺水植物净化生活污水总氮和总磷效果的研究[J].水土保持学报(4):77-80,92.

袁辉,王里奥,黄川,等,2006.三峡库区消落带保护利用模式及生态健康评价[J].中国软科学(5):120-127.

张葆华,吴德意,叶春,等,2007.不同水深条件下芦苇湿地对氮磷的去除研究[J].环境科学与技术(7):4-6,39,115.

张大发,1984.水库水温分析及估算[J].水文(1):19-27.

张德喜,2018.不同人工湿地植物对生活污水净化效果研究[J].基因组学与应用生物学,37(4):1621-1628.

张二凤,陈西庆,2002.人类活动对河流入海流量下降的影响:以长江黄河为例[J].华东师范大学学报(自然科学版)(2):81-86.

张虹,朱平,2005.基于RS与GIS的三峡重庆库区消落区分类系统研究:以重庆开县为例[J].国土资源遥感,16(3):66-69.

张光富,王剑伟,2007.三峡库区开县前置库植物多样性及其消落带的生态恢复原则[J].南京师大学报,30(3):87-92.

张建,范成新,张波,等,2015.南水北调东线南四湖生态恢复与综合整治技术开发[Z].山东:山东大学.

张小萍,曾波,陈婷,等,2008.三峡库区河岸植物野古草茎通气组织发生对水淹的响应[J].生态学报,28(4):1864-1871.

张新平,张芳芳,王得祥,2018. 2010—2016 年国内外景观研究文献计量与可视化分析[J].西南师范大学学报(自然科学版),43(7):148-156.

张雪琪,吴晖,黄发明,等,2012. 不同植物人工湿地对生活污水净化效果试验研究[J]. 安全与环境学报,12(3):19-22.

郑华,欧阳志云,赵通歉,等,2003.人类活动对生态系统服务功能的影响[J]. 自然资源学报,18(1):118-126.

中国电建集团北京勘探设计研究院,2017.陕西省引汉济渭二期工程环境影响报告书[R].

周明涛,杨平,许文年,等,2012.三峡库区消落带植物治理措施[J].中国水土保持科学 (4):90-94.

周卿伟,梁银秀,阎百兴,等,2018.冷季不同植物人工湿地处理生活污水的工程实例分析[J].湖泊科学,30(1):130-138.

朱伯芳,1985.库水温度估算[J].水利学报(2):12-21.

Arfi R,2003. The effects of climate and hydrology on the trophic status of selingue reservoir,mali,west africa[J]. Lakes & Reservoirs:Research and Management,8(3-4):247-257.

Battaglia L L,Collins B S,2006. Linking hydroperiod and vegetation response in Carolina bay wetlands [J]. Plant Ecology,184(1):173-185.

Sweeney B W,Czapka S J,2004. Riparian forest restoration:why each site needs an ecological prescription[J]. Forest Ecology and Management,192(2-3):361-373.

Cole T M,Wells S A,2011. CE-QUAL-W2:A Two-Dimensional,Laterally Averaged,Hydrodynamic and Water Quality Model,Version 3.71[M]. Department of Civil and Environmental Engineering,Portland State University,Portland,OR.

Coops H,Beklioglu M,Crisman T L,2003. The role of water-level fluctuations in shallow lake ecosystems-workshop conclusions[J]. Hydrobiologia,506:23-27.

Deng Y,Tuo Y,Li J,et al. ,2011. Spatial-temporal effects of temperature control device of stoplog intake for Jinping I hydropower station[J]. China Technol. Sci. 54 (Suppl. 1),83-88.

Edinger J E,Buehck E M,1975. A hydrodynamic,two-dimensional reservoir model:the computational basis[M]. Prepared for US Army Engineer,Ohio River Division,Cincinnati,Ohio.

Geraldes A M,Boavida M J,2003. Distinct age and landscape influence on two reservoirs under the same climate[J]. Hydrobiologia,504(1):277-288.

Gregory S V,Swanson F J,Mckee W A,et al. ,1991. An Ecosystem Perspective of Riparian Zones[J]. Bioscience,41(8):540-551.

Harleman D R F,1982. Hydrothermal analysis of lakes and reservoirs [J]. Journal of the Hydraulics Division,ASCE,108(3):301-325.

Hill N M,Keddy P A,Wisheu I C,1998. A Hydrological Model for Predicting the Effects of Damson the Shoreline Vegetation of Lakes and Reservoirs[J]. Environmental Management,22(5):723-736.

Holmes P M,Esler K J,Richardson D M,et al. ,2008. Guidelines for improved management of riparian zones invaded by alien plants in South Africa[J]. South African Journal of Botany,74(3):538-552.

Huang G L,He P,Hou M,2006. Present status and prospects of estuarine wetland research in China[J]. Chinese Journal of Applied Ecology,17(9):1751-1756.

Huber W C,Harleman D R F,1972. Temperature prediction in stratified reservoirs[J]. Journal of the Hydraulics Division,ASCE,98:645-666.

Imberger J,Loh I,Hebbert Bob,et al. ,1978. Dynamics of reservoir of medium size [J]. Journal of the Hydraulics Division,ASCE,104(5):725-743.

Kangur, Mls T, Milius A, et al. , 2003. Phytoplankton response to changed nutrient level in lake peipsi (estonia) in 1992-2001[J]. Hydrobiologia,506-509(1): 265-272.

Koob T, Barber M E, Hathhorn W E,1999. Hydrologic Design Considerations of Constructed Wetlands for Urban Stormwater Runoff[J]. Journal of the American Water Resources Association,35(2):323-332.

Kuo J T, Wu J H, Chu W S, 1994. Water quality simulation of Te-Chi Reservoir using two-dimensional models[J]. Water Science and Technology,30(2): 63-73.

Lieffers V J,1984. Emergent plant communities of oxbow lakes in northeastern Alberta: salinity, water-level fluctuation, and succession[J]. Canadian Journal of Botany, 62(2):310-316.

Leira M,Cantonati M,2008. Effects of water-level fluctuations on lakes: an annotated bibliography[J]. Hydrobiologia,613(1): 171-184.

Logez M, Roy R, Tissot L, 2016. Effects of water-level fluctuations on the environmental characteristics and fish-environment relationships in the littoral zone of a reservoir[J]. Fundamental & Applied Limnology, 32(6):35-41.

Ma Sh W, Casinos S C, Kassinos D F, et al. ,2008. Effects of selective water withdrawal schemes on thermal stratification in Kouris Dam in Cyprus[J]. Lakes & Reserviors: Research and Management, 13(1): 51-61.

Mander, Hayakawa Y, Kuusemets V, 2005. Purification processes, ecological functions, planning and design of riparian buffer zones in agricultural watersheds[J]. Ecological Engineering, 24(5):421-432.

Malson K, Rydin H, 2007. The regeneration capabilities of bryophytes for rich fen restoration [J]. Biological Conservation,135(3): 435-442.

Mitsch W J, Lu J, Yuan X, et al. ,2008. Optimizing Ecosystem Services in China[J]. Science,322(5901): 527-529.

Nges T,Nges P,Laugaste R,2003. Water level as the mediator between climate change and phytoplankton composition in a large shallow temperate lake[J]. Hydrobiologia,506-509(1): 257-263.

Orlob G T,1983. Mathematical modeling of water quality: streams, lakes, and reservoirs[J]. Journal of Hydrology,77:379-380.

Orlob G T, Selna L G, 1970. Temperature variation in deep reservoirs[J]. Journal of the Hydraulics Division, ASCE, 96: 391-410.

Poff N L,Allan J D,Bain M B,et al. ,1997. The natural flow regime: a paradigm for river conservation and restoration[J]. Bioscience,47(11): 769-784.

Quan Q, Shen B, Zhang Q, et al. ,2016. Research on Phosphorus Removal in Artificial Wetlands by Plants and Their Photosynthesis[J]. BRAZ ARCH BIOL TECHN ,59.

Shandas V, Alberti M, 2009. Exploring the role of vegetation fragmentation on aquatic conditions: linking upland with riparian areas in Puget Sound lowland streams[J]. Landscape & Urban Planning, 90(1):66-75.

Steven J Hall, 2010. Constraints on Sedge Meadow Self-Restoration in Urban Wetland[J]. Restoration Ecology,18(5):671-680.

Stone R,2008. China's Environmental Challenges: Three Gorges Dam: Into the Unknown[J]. Science, 321(5889):628-632.

Stefan H G, Ford D E, 1975. Temperature dynamics in dimictic lakes[J]. Journal of the Hydraulics Division, ASCE,101: 97-114.

Webb A A, Erskine W D, 2013. A practical scientific approach to riparian vegetation rehabilitation in Australia[J]. Journal of Environmental Management, 68(4):329-341.

Whigham D F,1999. Ecological issues related to wetland preservation, restoration, creation and assessment[J]. Science of the Total Environment, 240(1-3):31-40.

Xing W, Han Y, Guo Z, et al. ,2020. Quantitative study on redistribution of nitrogen and phosphorus by wetland plants under different water quality conditions[J]. Environmental Pollution, 261:114086.

Zedler J B,2000. Progress in wetland restoration ecology[J]. Trends in Ecology and Evolution,15 (10) : 402-407.